TRAITÉ
DE
GÉOMÉTRIE ÉLÉMENTAIRE,

À L'USAGE

DES COLLÉGES DE L'UNIVERSITÉ ET DES ÉCOLES NORMALES
PRIMAIRES;

dans l'ordre du Programme adopté par le Conseil royal de
l'instruction publique, le 9 octobre 1838, pour l'enseignement
de la géométrie dans les classes de troisième et seconde
des Colléges royaux,

PAR A. MAHISTRE,

sciences, Professeur de Mathématiques au Collège et à
l'École normale primaire de Chartres.

PARIS,

LA LIBRAIRIE CLASSIQUE DE L'UNIVERSITÉ,

QUAI DES AUGUSTINS, 45.

CHARTRES,

GARNIER-ALLABRE, IMPRIMEUR-LIBRAIRE,

Place des Halles, 36.

1841

TRAITÉ

DE

GÉOMÉTRIE ÉLÉMENTAIRE.

Tous les exemplaires sont revêtus de la signature de
l'auteur.

TRAITÉ

DE

GÉOMÉTRIE ÉLÉMENTAIRE,

A L'USAGE

DES COLLÉGES DE L'UNIVERSITÉ ET DES ÉCOLES NORMALES
PRIMAIRES ;

Rédigé dans l'ordre du Programme adopté par le Conseil royal de
l'Instruction publique, le 9 octobre 1838, pour l'enseignement
de la Géométrie dans les classes de troisième et seconde
des Colléges royaux.

PAR A. MAHISTRE,

Licencié ès-sciences, Professeur de Mathématiques au Collége et à
l'École normale primaire de Chartres.

PARIS,

A LA LIBRAIRIE CLASSIQUE DE CHAMEROT,

QUAI DES AUGUSTINS, 33.

CHARTRES,

GARNIER, IMPRIMEUR-LIBRAIRE,

PLACE DES HALLES, 16 ET 17.

1840.

10° Propriétés des droites coupées par des séries de parallèles; — Quatrièmes proportionnelles; — Similitude des triangles; — Propriétés du triangle rectangle; incommensurabilité de la diagonale et du côté du carré; — Troisième et moyenne proportionnelle; moyens de les construire; — Construction et usages des échelles. — Mesure des hauteurs et des distances inaccessibles.

11° Similitude des polygones en général; — Similitude des polygones réguliers d'un même nombre de côtés; — Rapport des circonférences considérées comme des polygones d'un nombre infini de côtés; — Valeurs approchées du rapport de la circonférence au diamètre.

12° Mesure des surfaces. — Rectangles et parallélogrammes, triangles, trapèzes et polygones quelconques; — Rapport des surfaces dans les triangles semblables; *id.* dans les polygones semblables; — Polygones réguliers et cercle considéré comme un polygone régulier d'un nombre infini de côtés; — Secteurs et segments circulaires.

Nota. Pour exercer les élèves au maniement de la règle, du compas et de l'échelle, on exigera d'eux la construction de vingt à trente figures choisies en partie parmi les problèmes du programme. Il sera bon que les données soient, autant que possible, exprimées en nombres, et que ces nombres et les résultats soient rapportés sur le cahier d'épures que chaque élève devra conserver. On aura soin aussi d'exercer les élèves aux applications numériques.

13o Propriétés générales des droites perpendiculaires et obliques à un plan; — Des angles dièdres et des plans perpendiculaires entre eux. — Des plans parallèles; — Des angles trièdres et polyèdres.

14° Polyèdres en général; — Prisme; — Parallélipipède; — Cylindre droit, considéré comme un prisme dont la surface se développe en un rectangle; — Tetraèdre; — Pyramide; — Cône circulaire droit, considéré comme une pyramide régulière dont la surface se développe en un secteur de cercle.

15° Propriétés générales de la sphère; ses grands et ses petits cercles; dénomination de ses diverses parties.

16° Mesure des surfaces cylindriques, coniques; surface de la sphère engendrée par la rotation d'un polygone régulier, d'un nombre infini de côtés.

17° Volumes des parallélipipèdes, des prismes et du cylindre.

18° Pyramides équivalentes considérées comme des séries de tranches parallèles et infiniment minces. — Volumes des pyramides et du cône.

16° Volume de la sphère décomposée en une infinité de pyramides qui ont leur sommet à son centre; — Volumes des secteurs sphériques; — Applications numériques.

AVIS ESSENTIEL.

Pour l'intelligence de cet ouvrage , on peut se borner à la lecture des trois premiers numéros de l'introduction et du premier alinéa du 5ᵉ ; et même, à la rigueur, on peut se contenter de lire le n° 1, et le premier alinéa du n° 5.

N. B. Les nombres mis en marge indiquent les numéros auxquels on devra recourir pour l'intelligence des démonstrations. Les nombres écrits en chiffres romains marquent les numéros des chapitres ; les autres se rapportent aux numéros des propositions. Toute indication qui ne porte pas le numéro du chapitre, est relative au chapitre courant. Par exemple, les indications suivantes,

10. cor. 1,

VI. 9,

renvoient : la première, au 1ᵉʳ corollaire du n° 10 du chapitre courant ; la deuxième, au n° 9 du chapitre VI.

INTRODUCTION.

Des quantités infiniment petites.

1. *Un infiniment petit, est une grandeur moindre que toute grandeur donnée, de la même nature.* D'après cette définition, si nous représentons par i une quantité infiniment petite, et par e une quantité donnée, aussi petite qu'on voudra, nous aurons :

$$i < e \ (1).$$

On est conduit nécessairement à l'idée des infiniment petits, lorsque l'on considère les variations successives, d'une grandeur, soumise à la loi de continuité. Ainsi le temps croît par des degrés moindres, qu'aucun intervalle qu'on puisse assigner, quelque petit qu'il soit. Les espaces parcourus par les différents points d'un corps, croissent aussi par des infiniment petits, car chaque point ne peut aller d'une position à une autre, sans traverser toutes les positions intermédiaires, et l'on ne saurait assigner aucune distance, aussi petite que l'on voudra, entre deux positions successives.

Un nombre qui renferme une quantité limitée d'unités, ou de fractions d'unités, est un nombre *fini,* tels sont les nombres 3, 5, $\frac{2}{5}$, $\frac{17}{15}$; par opposition, on appelle nombre *infiniment grand* ou *infini,* un *nombre plus grand que tout nombre donné.* Nous verrons bientôt qu'il existe de tels nombres.

2. *Si l'on multiplie par un nombre fini m, une*

quantité infiniment petite i, le produit mi sera aussi une quantité infiniment petite. (*)

Si mi n'était pas moindre que toute quantité donnée q choisie aussi petite qu'on voudra, on aurait

$$mi = \text{ou} > q$$

et par suite $i = \text{ou} > \dfrac{q}{m}$. Donc, en nous donnant pour e de l'inégalité (1) la valeur $\dfrac{q}{m}$, c'est-à-dire en faisant $e = \dfrac{q}{m}$, nous n'aurions plus $i < e$, ce qui est contre la définition.

Si dans le produit mi nous supposons successivement $m=2$, $m=3$, $m=4$, etc., nous aurons les quantités infiniment petites $2i$, $3i$, $4i$, etc., qui seront, le double, le triple, le quadruple, etc., de la quantité i. Donc les infiniment petits, ainsi que les quantités finies, peuvent avoir des rapports quelconques.

3. *Tout nombre fini* M, *divisé par une quantité infiniment petite* i, *donne pour quotient un nombre infini.*

Si $\dfrac{M}{i}$ n'était pas plus grand que tout nombre donné P, choisi aussi grand qu'on voudra, on aurait

$$\frac{M}{i} = \text{ou} < P$$

et par suite, $M = \text{ou} < P\,i$, ce qui est absurde, puisque M est un nombre fini, et $P\,i$ une quantité infiniment petite (n° 2).

Si dans la quantité $\dfrac{M}{i}$ on suppose $i = o$, à plus forte raison $\dfrac{M}{i}$ sera infini, puisque le quotient de deux quantités

---

(*) Pour indiquer le produit de plusieurs quantités représentées par des lettres, on les écrit les unes à la suite des autres, sans les séparer par le signe $\times$ *multiplié par*. Ainsi le produit des quantités a, b, c, d s'indique $abcd$.

est d'autant plus grand, que le diviseur est moindre.

Soient maintenant deux quantités infinies $\dfrac{M}{i}$, $\dfrac{N}{K\,i}$, M, N, et K étant des nombres finis ; en divisant la première par la seconde, on trouve pour quotient $\dfrac{MK}{N}$; ce qui montre *que les quantités infinies, ainsi que les quantités finies, peuvent avoir des rapports quelconques.*

Si l'on multiplie par un nombre infini $\dfrac{M}{i}$, une quantité infiniment petite $K\,i$, ayant un rapport fini avec i, le produit sera une quantité finie. Car nous aurons en effet

$$K\,i \times \frac{M}{i} = \frac{K\,M\,i}{i} = K\,M.$$

Donc *une quantité infiniment petite, multipliée par un nombre infini, peut devenir un nombre fini.*

4. Lorsque le rapport de deux quantités infiniment petites est un nombre fini, ces deux quantités sont *dites infiniment petites du même ordre ;* ainsi les quantités infiniment petites i, $2\,i$, $3\,i$, $4\,i$, $m\,i$, etc., déjà considérées, sont infiniment petites du même ordre, puisque le rapport de deux quelconques d'entr'elles, est un nombre fini : par exemple, le rapport de $2\,i$ à i est égal à 2, celui de $3\,i$ à $2\,i$ est égal à $\frac{3}{2}$, et celui de $4\,i$ à $3\,i$ est égal à $\frac{4}{3}$, etc. Cela posé, désignons par a, b, c, d, etc., des quantités infiniment petites, telles que le rapport de b à l'une d'elles a soit infiniment petit du même ordre que a ; que le rapport de c à b soit infiniment petit du même ordre que a ; que le rapport de d à c soit infiniment petit du même ordre que a, et ainsi de suite ; cela étant, les quantités b, c, d, etc., seront *des quantités infiniment petites du 2e, du 3e, du 4e ordre, etc., par rapport à a*, qui pour cette raison sera nommé *infiniment petit du 1er ordre.*

Pour exprimer au moyen de a ou en *fonction* de a, les

quantités b, c, d, nommons r_1 le rapport infiniment petit de b à a, r_2 celui de b à c, r_3 celui de d à c, et ainsi de suite ; nous aurons

$$\frac{b}{a} = r_1,\ \frac{c}{b} = r_2,\ \frac{d}{c} = r_3,\ \text{etc.}$$

On tire de ces égalités,

$$b = a\,r_1,\ c = b\,r_2,\ d = c\,r_3,\ \text{etc.}$$

Dans le 2ᵉ des relations précédentes, remplaçons b par sa valeur ; il vient

$$c = a\,r_1\,r_2 ;$$

substituant aussi dans la 3ᵉ, la valeur de c que nous venons d'obtenir, on trouve

$$d = a\,r_1\,r_2\,r_3.$$

Les égalités

$$b = a\,r_1,\ c = a\,r_1\,r_2,\ d = a\,r_1\,r_2\,r_3$$

montrent que les quantités b, c, d.... qui sont infiniment petites, du 2ᵉ, du 3ᵉ, du 4ᵉ ordre, etc., par rapport à a, sont exprimées par le produit de deux, de trois, de quatre, etc., quantités infiniment petites du même ordre que a.

Réciproquement, *le produit* A *de deux quantités infiniment petites du même ordre, est infiniment petit du 2ᵉ ordre, par rapport à toute quantité infiniment petite du même ordre que chacun des facteurs de* A.

Le produit B *de trois infiniment petits du même ordre, est infiniment petit du 3ᵉ ordre, par rapport à toute quantité, infiniment petite du même ordre, que chacun des facteurs de* B, *et ainsi de suite.*

1° Soient x et y deux quantités infiniment petites du même ordre, et posons

$$A = xy,$$

en désignant par q une quantité infiniment petite du même ordre que x et y, nous aurons,

$$\frac{A}{q} = \frac{xy}{q} = \frac{x}{q}\,y.$$

Mais x et q, sont des infiniment petits du même ordre; leur rapport est donc un nombre fini m; remplaçant $\frac{x}{q}$ par m, il vient

$$\frac{A}{q} = m\,y;$$

or q et $m\,y$, sont infiniment petits du même ordre, car q étant infiniment petit du même ordre que y, le rapport $\frac{my}{q}$ ou m. $\frac{y}{q}$ est le prodüit de deux nombres finis; donc en vertu de la définition, B est infiniment petit du 2° ordre par rapport à q.

2° Soient r, s, t, trois quantités infiniment petites du même ordre, et supposons

$$B = r\,s\,t;$$

je dis que B sera infiniment petit du 3° ordre par rapport à toute quantité u infiniment petite du même ordre que r, s, t. Soit z une quantité infiniment petite du 2° ordre par rapport à u, et r_1 le rapport infiniment petit de z à u, nous aurons

$$\frac{z}{u} = r_1 \text{ d'où } z = r_1\,u.$$

Divisant lè 1er membre de l'égalité $B = r\,s\,t$, par z, et le 2° par $r\,u$, il vient

$$\frac{B}{z} = \frac{r\,s\,t}{r_1\,u} = \frac{r}{r_1}\cdot\frac{s}{u}\cdot t.$$

Mais $\frac{r}{r_1}$, $\frac{s}{u}$, sont des nombres finis, puisque les termes de ces fractions, sont infiniment petits du même ordre ; en faisant $\frac{r}{r_1} = n$, $\frac{s}{u} = n'$, il vient

$$\frac{B}{z} = n\,n'\,t\,;$$

or $n\,n'\,t$ est infiniment petit du même ordre que u ; donc en vertu de la définition, B est infiniment petit du 3° ordre par rapport à u.

On prouverait de la même manière, que tout produit $x\,y\,z\,t$, de quatre quantités infiniment petites du même ordre, est infiniment petit du 4° ordre, par rapport à toute quantité du même ordre que x, y, z, t, et ainsi de suite.

En général un produit P, *renfermant un nombre* n *de facteurs infiniment petits du même ordre, devra être rangé dans la classe des infiniment petits de l'ordre* n, *par rapport à toute quantité infiniment petite du même ordre que chacun des facteurs du produit* P.

Il résulte de ce qui précède, que *toute puissance* x^n, *d'une quantité infiniment petite* x, *est infiniment petite de l'ordre* n, *par rapport à* x, *et par rapport à toute quantité du même ordre que* x.

Remarque. Lorsque l'on considère des quantités infiniment petites de différents ordres, par rapport à l'une d'elles ; afin d'abréger le langage, on sous-entend souvent celle par rapport à laquelle les autres sont infiniment petites de tel ordre ou de tel autre. Ainsi dans le cas des quantités a, b, c, d, déjà considérées, on nomme a un infiniment petit du 1er ordre, b un infiniment petit du 2°, c un infiniment petit du 3°, d un infiniment petit du 4°, et l'on sous-entend que c'est par rapport à a, que les quantités b, c, d, sont du 2°, du 3°, du 4° ordre.

Lorsqu'on multiplie par un nombre fini, *un infiniment petit d'un ordre quelconque, l'ordre de cet infiniment petit ne change pas*, car soit l'infiniment petit du 3° ordre

$$s = x\,y\,z$$

si nous multiplions cet infiniment petit par un nombre fini m, nous aurons

$$m\,s = m\,x\,y\,z = (m\,x)\,y\,z.$$

Or $m\,x$ est infiniment petit du même ordre que x, et par conséquent du même ordre que y et z; donc $m\,s$ est encore le produit de trois infiniment petits du même ordre; donc $m\,s$ est un infiniment petit du 3° ordre.

5. Il résulte de la nature même des quantités infiniment petites, que deux quantités finies qui ne diffèrent l'une de l'autre que d'un infiniment petit, peuvent être regardées comme étant rigoureusement égales, puisqu'on ne saurait assigner entr'elles aucune inégalité, aussi petite que l'on voudra.

Il en sera de même à l'égard de deux quantités infiniment petites du 1er ordre, dont la différence est infiniment petite du second ordre; car soient a et b ces deux quantités, et c leur différence; nous aurons

$$a = b \pm c.$$

Mais par hypothèse, c est infiniment petit du 2° ordre, par rapport aux quantités de même ordre a et b; donc on peut remplacer c par le produit $d\,e$ de deux quantités infiniment petites du même ordre que a et b (n° 4) et l'égalité précédente devient,

$$a = b \pm d\,e.$$

Prenant le rapport de a à b nous aurons

$$\frac{a}{b} = \frac{b}{b} \pm \frac{d\,e}{b} = 1 \pm \frac{d}{b}\,c.$$

Or $\dfrac{d}{b}$ est un nombre fini; par conséquent $\dfrac{d}{b}\,e$, est une quantité infiniment petite; et comme les quantités finies $\dfrac{a}{b}$ et 1, ne diffèrent que de la quantité infiniment petite $\frac{d}{b}e$, il s'en-suit,

$$\frac{a}{b} = 1, \text{ d'où } a = b.$$

Pareillement, *deux quantités infiniment petites du 2ᵉ ordre seront égales, si leur différence est infiniment petite du 3ᵉ ordre, et généralement deux quantités infiniment petites d'un ordre quelconque, seront égales, lorsqu'elles ne différeront que d'un infiniment petit d'un ordre supérieur.*

On énonce encore ces principes d'une autre manière, en disant *qu'il est permis de négliger dans un calcul, sans crainte d'altérer aucunement les résultats, soit les infiniment petits liés à des quantités finies par les signes + ou —; soit les quantités infiniment petites d'un ordre quelconque, liées par les mêmes signes, à des quantités d'un ordre inférieur.*

TRAITÉ

DE

GÉOMÉTRIE ÉLÉMENTAIRE.

PREMIÈRE PARTIE.

GÉOMÉTRIE PLANE.

CHAPITRE PREMIER.

Notions générales, espaces et corps, surfaces, lignes, points. Objets principaux de la Géométrie ; la figure et l'étendue ; volumes, aires, longueurs.

1. Tous les corps qui nous entourent peuvent être parcourus, en allant de droite à gauche, de la partie antérieure à la partie postérieure, de la partie supérieure à la partie inférieure ; ou, en d'autres termes, dans le sens de la *largeur*, de la *longueur*, de la *hauteur* ou de l'*épaisseur*.

La longueur, la largeur et l'épaisseur, sont les trois *dimensions* des corps.

Si un corps, placé devant nos yeux, s'anéantissait à un instant donné, en sorte qu'il ne restât de lui que l'impression de ses faces, notre esprit conserverait parfaitement l'idée de la place qu'il occupait ; cette place, privée de toute matière, se nomme un *espace*, ou un *solide*. Un espace a donc aussi les trois dimensions, *longueur, largeur, et épaisseur*.

Quel que soit l'espace que l'esprit embrasse, il en conçoit un plus grand encore, et toute limite lui paraît impossible ; un espace considéré sans limites, est l'*espace absolu*, ou

2

simplement l'*espace*. C'est dans l'espace absolu que sont placés tous les corps de l'univers.

2. Quoique les trois dimensions, longueur, largeur et hauteur, se trouvent réunies, dans tout ce qui est corps, nous les séparons souvent par la pensée; ainsi lorsque, placés sur le bord d'un lac, nous nous occupons de la distance qu'il y a d'une rive à l'autre, nous faisons abstraction de la largeur et de la profondeur des eaux; de même, si nous ne nous occupons que de l'étendue de terrain qu'occupe le lac, nous ne pensons qu'à sa longueur et à sa largeur, et nullement à sa profondeur. Enfin ce n'est qu'autant que nous voudrions juger de la quantité d'eau qu'il renferme, que nous aurions égard à sa longueur, à sa largeur et à sa profondeur.

On nomme *surface*, ce qui a *longueur*, et *largeur*, sans hauteur ou épaisseur.

Une *ligne* est ce qui a *longueur*, sans largeur ni épaisseur. Les extrémités d'une ligne se nomment *points*; le point n'a donc ni longueur, ni largeur, ni épaisseur.

La Géométrie a pour objet de faire connaître les propriétés des espaces, des surfaces et des lignes.

On donne le nom d'*étendue* à tout ce qui réunit une ou plusieurs des trois dimensions, longueur, largeur et hauteur. Ainsi, *un espace* est une étendue en longueur, largeur et hauteur. Une surface est une étendue en longueur et largeur; et une ligne est une étendue en longueur seulement.

La manière dont l'étendue est limitée en tous sens, détermine sa *figure*.

3. On sait que, pour estimer une grandeur, on la compare à une grandeur de même espèce, arbitrairement choisie pour *unité*, ou pour *terme de comparaison*: d'après cela, pour évaluer un *espace*, on comparera cet *espace* à un autre espace, arbitrairement choisi pour unité;

3

pareillement, pour estimer une surface, on la comparera
à une autre surface, choisie pour terme de comparaison ;
on comparera de même une ligne à une autre ligne, prise
pour unité. Cela posé :

*Le volume d'un corps, est le rapport de l'espace qu'il
occupe, à l'espace arbitrairement choisi pour unité.*

*L'aire d'une surface, est le rapport de cette surface,
à celle qui a été arbitrairement choisie pour unité.*

*La longueur d'une ligne, est le rapport de cette ligne
à la ligne qui a été arbitrairement choisie pour unité.*

En général, on nomme *mesure* d'une quantité, le rapport de cette quantité à l'unité de son espèce. La mesure
d'une quantité est donc *le nombre abstrait, qui contient
autant d'unités, ou de parties d'unités, que la quantité
donnée renferme d'unités, ou de parties d'unités de son
espèce.* D'après cela connaissant la mesure d'une quantité,
pour en avoir la valeur, il suffira de changer en unités
concrètes de l'espèce de cette quantité, les unités du nombre abstrait qui lui sert de mesure. Si, par exemple, l'unité
linéaire est le mètre, et qu'une ligne ait pour mesure 4,
cette ligne vaudra 4 mètres.

CHAPITRE II.

*Définitions de la ligne droite, de la ligne courbe, de la
surface plane, de la surface courbe, du cercle.*

1. Pour aller, d'un point donné A, à un autre point Fig. 1.
donné B, il existe une infinité de chemins, AB, AMB,
ACDB, ANB, etc.... Il est évident que, parmi tous ces
chemins, il en existe un AB, plus court que tous les autres.
Ce chemin, ou cette ligne la plus courte, entre deux points
donnés, se nomme *une ligne droite*.

Fig. 2.   On dit qu'une ligne droite BC, est le prolongement d'une autre, AB, lorsqu'en joignant le point A au point C, par une nouvelle ligne droite AC, celle-ci recouvre exactement les deux autres, AB, BC.

Il résulte de là, qu'une ligne droite peut être prolongée aussi loin qu'on voudra, de part et d'autre, de ses deux extrémités.

Fig. 1.   **2.** Toute ligne ACDB, composée de lignes droites, est une ligne brisée; et une ligne qui n'est ni droite, ni composée de lignes droites, est une ligne courbe; telle est la ligne AMB.

3. *Le plan est une surface dans laquelle prenant deux points à volonté, et les joignant par une ligne droite, cette ligne est toute entière dans la surface.* Il résulte de la définition du plan, qu'une ligne droite est toute entière dans un plan, lorsqu'elle y a deux de ses points. (*)

4. Une surface composée de surfaces planes, est une surface *brisée;* et toute surface qui n'est ni plane, ni composée de surfaces planes, est une surface courbe.

5. Pour tracer une ligne droite dans un plan, sur le papier, par exemple, entre deux points donnés, on se sert d'une règle bien dressée, qu'on applique sur le papier, de manière que les deux points donnés touchent presque son bord; puis on fait glisser le long de cette règle un crayon bien pointu, ou une plume légèrement encrée. La trace ainsi obtenue est une ligne droite.

Quand on veut tracer une ligne droite entre deux points peu éloignés, marqués sur le terrain, on tend entre ces deux points un cordon blanchi à la craie. Le cordon une fois tendu, on le pince légèrement pour le laisser échapper

---

(*) Il ne sera question dans la première partie de ce Traité, que de figures tracées sur une surface plane.

immédiatement ; dans son mouvement il frappe le sol , et laisse une trace blanche , qui est la ligne droite demandée.

S'il s'agit d'une ligne droite très-étendue, on se contente de planter deux jalons à ses extrémités ; si l'on veut marquer des points intermédiaires , on fait planter d'autres jalons , et pour s'assurer si ces jalons sont situés sur l'alignement des deux extrêmes, on regarde l'un de ceux-ci par le bord de l'autre , et tous ceux intermédiaires doivent sembler être en coïncidence avec celui qu'on regarde.

6. *La circonférence est une ligne courbe tracée dans un plan , et dont tous les points sont également distants d'un point intérieur nommé centre.*

Le cercle est la portion de plan enveloppée par la circonférence.

Quelquefois on emploie le mot *cercle,* pour désigner la circonférence.

Pour décrire sur le papier une circonférence , on se sert d'un *compas,* qu'on ouvre d'une quantité quelconque ; on fixe ensuite l'une des pointes au point qu'on a choisi pour centre, et on fait mouvoir l'autre pointe sur le papier ; la trace laissée par cette pointe , est évidemment une circonférence.

La distance constante OC, du centre O, à un point quelconque C de la circonférence, se nomme *rayon ;* et toute droite AB, qui passe par le centre, et se termine de part et d'autre à la circonférence, est un *diamètre.* Le diamètre est donc double du rayon.

Fig. 3.

Toute portion AMC de circonférence, s'appelle *arc ;* et la ligne droite AC, qui se termine aux extrémités de cet arc, est la *corde,* ou la *sous-tendante* de cet arc.

Un *secteur*, est une portion de cercle comprise entre un arc, et les deux rayons qui passent par les deux extrémités de cet arc. La surface OAMC, représente un secteur.

Un *segment* est une portion de cercle comprise entre

un arc et sa corde. La portion de cercle ACM représente un segment.

On nomme *sécante*, toute ligne droite DE, qui rencontre la circonférence en plus d'un point, et qui se prolonge, en dehors de la circonférence, au-delà des points où elle la rencontre.

La *tangente* est une ligne droite qui rencontre la circonférence en un seul point; telle est la droite FG. Le point H où la tangente rencontre la circonférence, est le point de *contact*.

Deux circonférences sont *tangentes*, quand elles ont un seul point B de commun. Ce point se nomme aussi *point de contact*.

Fig. 4.

7. La géométrie repose sur un petit nombre *d'axiômes*, ou vérités évidentes par elles-mêmes. Dans ce traité nous en adopterons six; les voici :

1° *D'un point à un autre, on ne peut mener qu'une seule ligne droite.*

2° *Une ligne droite ne peut se prolonger que d'une seule manière, au-delà d'un quelconque de ses points.*

3° *Le tout est plus grand que sa partie.*

4° *Le tout est égal à la somme des parties, dans lesquelles il a été partagé.*

5° *Deux quantités, égales à une troisième, sont égales entr'elles.*

6° *Deux grandeurs de même espèce sont égales, lorsqu'étant placées l'une sur l'autre, elles coïncident dans toute leur étendue.*

Il résulte des axiômes (1) et (2) du n° précédent, que *deux lignes droites coïncident dans toute leur étendue, dès qu'elles ont deux points communs.*

Fig. 5.

Car soient A et B les deux points communs aux deux droites; d'abord les deux droites n'en feront qu'une entre les points A et B (ax. 1), et je dis qu'au-delà de ces deux points, elles coïncideront encore ; car si ces droites pouvaient se séparer en un point C, et devenir, l'une ACX, l'autre ACY, il s'ensuivrait, que la droite AC pourrait se prolonger au-delà du point C, de deux manières différentes, ce qui est contraire au second des axiômes précédents.

On déduit de là, que pour faire prendre à une droite donnée, la direction d'une autre droite, il suffira de faire coïncider deux points de la première, avec deux points de la seconde ; car, à cet instant, les deux droites coïncideront dans toute leur étendue.

9. Dans la suite, nous dirons souvent *droite* au lieu de ligne droite, et quand nous parlerons d'une *ligne*, sans en désigner l'espèce, il sera toujours question d'une ligne droite.

Pour désigner une ligne droite, nous emploierons en général deux lettres placées sur deux des points de cette ligne ; mais il faudra concevoir cette ligne prolongée aussi loin qu'on voudra, au-delà de ces deux points, à moins toutefois que la nature de la question n'exige que l'on considère des lignes de grandeur *finie*.

CHAPITRE III.

Indication d'un procédé pour trouver le rapport de deux droites et de deux arcs d'un même cercle. — Indication du cas où les deux lignes sont incommensurables. — Mesure des lignes droites.

1. Deux ou plusieurs quantités de même espèce sont *commensurables*, lorsqu'il existe une quantité *finie*, de même espèce, quelque petite qu'elle soit, qu'elles contiennent chacune un *nombre exact* de fois. Cette quantité, qui se trouve ainsi contenue un nombre exact de fois dans chacune des quantités données, est *la commune mesure*

Fig. 6. de ces quantités. Ainsi, les lignes *finies* A et B, ont pour commune mesure la ligne *m*, car elles contiennent cette ligne, la première 7 fois, la deuxième 5 fois. Lorsque deux quantités admettent une commune mesure, elles en admettent une infinité, car en partageant la commune mesure en tant de parties égales qu'on voudra, il est évident que chacune de ces parties sera une nouvelle commune mesure des quantités données.

Par opposition, deux ou plusieurs quantités de même espèce sont *incommensurables*, lorsqu'elles n'ont pas de *commune mesure*. Nous verrons plus tard, qu'il existe de telles quantités.

2. *Deux ou plusieurs grandeurs de même espèce, commensurables ou incommensurables, admettent pour commune mesure, toute quantité infiniment petite de même nature.*

Fig. 7. Supposons, pour fixer les idées, qu'il soit question de trois lignes finies, Aa, Bb, Cc, et soit i une ligne droite infiniment petite, mais d'ailleurs arbitraire; imaginons que la ligne i soit portée sur les lignes Aa, Bb, Cc, autant de fois qu'elle pourra y être contenue; la dernière division aboutira, sur chacune de ces lignes, en des points D, E, F, tels que les restes Da, Eb, Fc, seront moindres que i. Mais i est une quantité infiniment petite; donc, à plus forte raison, les restes Da, Eb, Fc; et l'on aura

$$Aa = AD$$
$$Bb = BE$$
$$Cc = CF$$

Or, les lignes AD, BE, CF, contiennent chacune la quantité i, un nombre exact de fois; donc aussi, les lignes Aa, Bb, Cc, qui leur sont égales, contiennent respectivement la quantité i, le même nombre de fois.

On sait qu'une quantité commensurable avec l'unité,
est exprimée par le rapport de deux nombres entiers finis ;
par exemple : si une ligne et son unité contiennent leur
commune mesure, 5 fois et 6 fois, la ligne aura pour valeur $\frac{5}{6}$; je dis aussi *que toute quantité incommensurable
avec son unité, pourra être exprimée par le rapport de
deux nombres entiers, mais infinis.* Supposons qu'on
ait partagé l'unité en un nombre infini D, de parties égales
infiniment petites, la quantité A, que l'on considère, renfermera un nombre entier infini n de ces parties, et l'on
aura

$$A = \frac{n}{D}.$$

Donc les nombres incommensurables doivent entrer
dans les calculs de l'arithmétique, en restant soumis aux
mêmes lois que les nombres commensurables.

3. *Le rapport de deux quantités de même espèce, est
le rapport des nombres abstraits, qui servent de mesure
à ces deux quantités ; cela posé :*

*Deux quantités commensurables, sont entr'elles com-
me les nombres entiers finis, qui expriment combien de
fois chacune d'elles contient la commune mesure.*

(*) Soient A et B les nombres qui servent de mesure aux
deux quantités données, et m celui qui exprime la commune mesure ; en supposant que la première quantité contienne m 12 fois, et la 2ᵉ 17 fois, nous aurons

$$A = 12\,m$$
$$B = 17\,m.$$

(*) Dans la suite, nous écrirons indifféremment sous la forme $\frac{a}{b} = \frac{c}{d}$
toute proportion $a : b :: c : d$.

Prenant le rapport de A à B il vient

$$\frac{A}{B} = \frac{12\,m}{17\,m} = \frac{12}{17},$$

ce qu'il fallait démontrer.

Réciproquement, lorsque deux quantités de même espèce sont entr'elles comme deux nombres entiers finis, ces deux quantités sont commensurables.

Soient M et N les nombres qui servent de mesure aux deux quantités, et supposons que ces deux quantités soient entr'elles comme les nombres entiers 7 et 13, nous aurons

$$\frac{M}{N} = \frac{7}{13} \text{ d'où } M = \frac{7}{13}\,N.$$

Donc, M et N admettent pour commune mesure $\frac{N}{13}$, puisque M contient $\frac{N}{13}$, 7 fois, et N, 13 fois. Il résulte de ce qui précède, *que le rapport de deux quantités incommensurables, est un nombre incommensurable, et réciproquement, que deux quantités sont incommensurables quand leur rapport est un nombre incommensurable.*

4. *Proposons-nous maintenant de trouver le rapport de deux lignes* AC, BD, *et pour abréger, nommons A et B les longueurs de ces lignes.* Si les lignes A et B étaient commensurables, pour obtenir leur rapport, il suffirait de connaître leur commune mesure, puisque ce rapport serait celui des nombres exprimant combien de fois chacune d'elles contient cette commune mesure. Nous sommes donc naturellement conduits à rechercher si les lignes A et B ont une commune mesure finie. Or, si les lignes A et B sont commensurables, elles auront une infinité de communes mesures ; et parmi celles-ci, il y en aura nécessairement une plus grande que toutes les autres ; cette com-

mune mesure sera donc *le plus grand commun diviseur de* A *et de* B. Ainsi, pour résoudre le problème proposé, il faut obtenir le plus grand commun diviseur de A et de B, mais par le seul secours du *compas*, car les valeurs numériques des lignes A et B, ne sont pas connues.

Conformément à la règle que prescrit l'arithmétique, je cherche combien de fois la plus petite ligne B est contenue dans la plus grande A. Je vois qu'elle y est contenue deux fois, et qu'il y a un reste FC $= r_1$. Cette opération fournit l'égalité

$$A = 2\,B + r_1. \quad (1)$$

Je porte maintenant r_1 sur B, autant de fois qu'il pourra y être contenu ; et comme il y est contenu une fois, avec le reste GD $= r_2$, j'aurai,

$$B = r_1 + r_2. \quad (2)$$

Je porte aussi, r_2 sur r_1 ; r_2 étant contenu deux fois dans r_1, avec un reste HC $= r_3$, il en résulte,

$$r_1 = 2r_2 + r_3. \quad (3)$$

Je porte de la même manière, r_3 sur r_2 ; et comme il y est contenu trois fois juste, j'en conclus que r_3, est le plus grand commun diviseur, ou la plus grande *commune mesure* des lignes A et B.

Pour obtenir le rapport de ces deux lignes, je remplace, dans l'égalité (3), r_2 par sa valeur $r_2 = 3r_3$, et je trouve,

$$r_1 = 7\,r_3.$$

Substituant dans (2) les valeurs précédentes, de r_2 et de r_1, j'obtiens

$$B = 10\,r_3.$$

Enfin remplaçant dans l'égalité (1), B et r_1, par leurs valeurs respectives, il vient

$$A = 27\,r_3.$$

Donc

$$\frac{A}{B} = \frac{27}{10}.$$

Remarque. Si les lignes A et B étaient incommensurables, l'opération précédente ne se terminerait jamais, quelque loin qu'elle fût continuée ; mais dans ce cas, on peut approcher indéfiniment du rapport $\frac{A}{B}$, ainsi qu'on va le voir dans le n° suivant.

5. Soient A et B deux lignes que je suppose incommensurables. Je me propose de trouver deux lignes commensurables, dont le rapport diffère de celui de A à B, d'une quantité moindre que toute fraction donnée $\frac{1}{f}$.

Admettons qu'on ait partagé l'une des lignes données B, en un certain nombre de parties égales, (on verra plus tard comment s'exécute cette opération) et soit l, la longueur de chaque division. En portant l sur A, autant de fois qu'on le pourra, on parviendra nécessairement à un reste $sx < l$, et qui sera d'autant plus petit, que B aura été partagé en un plus grand nombre de parties égales. On déduit de là

$$A = As + sx.$$

Divisant par B les deux membres de cette égalité, il vient :

$$\frac{A}{B} = \frac{As}{B} + \frac{sx}{B}.$$

Si nous supposons $B = nl$, $As = ml$, m et n étant des nombres entiers finis, nous aurons

$$\frac{A}{B} = \frac{m}{n} + \frac{sx}{B},$$

et l'on voit que le rapport $\frac{A}{B}$, ne diffère du rapport $\frac{m}{n}$ des lignes As et B, que de la quantité $\frac{sx}{B}$; donc, pour avoir la valeur de $\frac{A}{B}$ à moins de $\frac{1}{f}$ près, il suffira de partager la

13

ligne B en un assez grand nombre de parties égales, pour
que l'inégalité

$$\frac{s\,x}{\mathrm{B}} < \frac{1}{f}$$

soit satisfaite. Or, $s\,x$ est $< l$; donc il suffira de rendre

$$\frac{l}{\mathrm{B}} = \text{ou} < \frac{1}{f}, \text{ ou } l = \text{ou} < \frac{\mathrm{B}}{f}.$$

Ainsi, en partageant B en f, ou en plus de f parties égales,
on satisfera à l'inégalité $\dfrac{s x}{\mathrm{B}} < \dfrac{1}{f}$.

Si l'on veut, par exemple, avoir le rapport de A à B, à
moins de $\frac{1}{7}$ près, on partagera B en 7 parties égales; portant ensuite sur A, l'une des divisions de B, on verra qu'elle
y est contenue 14 fois, avec le reste $s x$, et l'on conclura,

$$\frac{\mathrm{A}}{\mathrm{B}} = \frac{14}{7} = 2, \text{ à moins de } \frac{1}{7} \text{ près.}$$

6. La commune mesure, et par suite, le rapport de deux
arcs commensurables, décrits avec des rayons égaux, se
trouveraient par le procédé que nous avons suivi, à l'égard
de deux droites. On s'assurera de la sorte, que les arcs AB,
CD, décrits avec des rayons égaux, des centres O et O′, ont Fig. 10.
pour commune mesure, l'arc de même rayon EF, décrit du
centre O″; et comme ces arcs contiennent, respectivement
12 fois et 7 fois, la commune mesure, on conclut

$$\frac{\mathrm{AB}}{\mathrm{CD}} = \frac{12}{7}.$$

Le rapport approché de deux arcs incommensurables s'ob-
tiendrait comme celui de deux droites incommensurables.

Remarque. Pour comparer entr'eux des arcs de cercle
décrits avec des rayons égaux, on prend pour unité la 360°
partie de la circonférence de même rayon. Cet arc, qu'on
nomme degré, se partage en soixante parties égales appe-

lées *minutes;* chaque minute se partage en soixante *secondes,* et ainsi de suite ; de sorte que les arcs de cercle s'évaluent, en *degrés, minutes, secondes,* etc. Dans le système décimal, la circonférence se divise en 400 parties égales nommées *grades, ou degrés centésimaux;* chaque grade se divise en 100 minutes, chaque minute en 100 secondes, etc. ; alors l'arc qui sert de terme de comparaison à des arcs de même rayon, est le *grade.*

Mais lorsqu'on compare des arcs de cercle, appartenant à des circonférences inégales, on rapporte ces arcs, non plus au *degré* ou au *grade* de l'une d'elles, mais à l'unité linéaire ordinaire, c'est-à-dire, au mètre, ou à la toise, etc.

7. Ce qui précède, renferme toute la théorie de la mesure des lignes droites ; car mesurer une droite, c'est chercher le rapport de cette ligne à une autre, choisie pour unité. D'après cela, il semble qu'on doive d'abord s'assurer si la droite à mesurer est commensurable avec celle qu'on prend pour terme de comparaison ; mais en général on devra se dispenser d'un semblable essai, et voici pourquoi : si la droite à mesurer est tracée sur le terrain, l'opération de la commune mesure est impraticable ; si elle est tracée sur le papier, et que l'opération de la commune mesure se prolonge un peu loin, les restes deviendront bientôt si petits, qu'il sera impossible de les comparer entr'eux. Donc on devra considérer le cas de commensurabilité, comme tout-à-fait exceptionnel, et ne rechercher, dans la mesure d'une droite, que le rapport approché de cette droite, à celle qu'on a choisie pour unité.

Pour mesurer une ligne droite, on se sert en général, d'une règle en bois, bien dressée, et dont la longueur est celle de l'unité linéaire. Cette règle est partagée en parties égales, numérotées, et le nombre des divisions est rendu d'autant plus grand, qu'on veut apporter plus de précision dans les mesures qu'on veut prendre ; car on sait que l'er-

reur commise dans l'évaluation du rapport de deux droites, 5.
et provenant de la graduation de la ligne prise pour terme
de comparaison, est moindre que l'unité, divisée par le
nombre des divisions de cette ligne.

Soit donc AB, la ligne à mesurer, et MN l'unité linéaire, Fig. 11.
que je suppose, pour fixer les idées, partagée en dix parties égales. J'applique l'extrémité M de la ligne MN à l'o-
rigine A de la ligne AB, et je fais prendre à MN la direction AB. Soit C le point où vient aboutir l'extrémité N de
MN; j'enlève la règle, et je porte en C son extrémité M, en
faisant prendre à MN la direction CB; comme MN est $>$ CB
je remarque avec soin le numéro le plus rapproché de l'extrémité B, ce numéro exprimera la longueur de CB, à
moins de $\frac{1}{10}$ près. Comme B tombe entre 6 et 7, et que ce
point est plus près de 7 que de 6, je conclus,

$$AB = 1,7 \text{ à moins de } \frac{1}{10} \text{ d'unité près.}$$

On aurait pu prendre 1, 6, pour la valeur de AB, et l'erreur
commise eût toujours été moindre que $\frac{1}{10}$, mais il est évident que 1, 7, est une valeur de AB plus approchée.

Quand l'unité linéaire est le mètre, la règle est ordinairement partagée en 10 décimètres, et chaque décimètre en
dix centimètres, de sorte que l'erreur de *lecture*, commise
dans la mesure d'une ligne, est $< 0^{m},01$.

8. Lorsqu'il s'agit de mesurer sur le terrain de grandes
distances, on se sert de la *chaîne d'arpenteur*. Cette Fig. 12.
chaîne est formée de *chaînons*, ou tiges en gros fil de fer,
dont chaque bout est courbé en boucle, et qui sont réunis
deux à deux par un anneau. Ces chaînons ont tous deux
décimètres de long, entre les centres de deux anneaux consécutifs; il y a cinquante chaînons, en sorte que la chaîne
a un décamètre de longueur. On donne à la chaîne cinq
millimètres de plus que la longueur de 10 mètres, pour
compenser l'épaisseur de la fiche, et la perte qu'on fait par

le défaut de tension. Les anneaux sont en fer, excepté ceux qui sont de mètre en mètre, qu'on fait en cuivre. Chaque bout de la chaîne a une poignée qui fait partie de la longueur totale. L'anneau du milieu est un peu plus fort que les autres.

Pour mesurer avec la chaîne une distance donnée, l'on doit être deux, A et B. A prend par la poignée une des extrémités de la chaîne, et dans l'autre main 10 fiches, ou petits piquets en fer, terminés en pointe, et qui peuvent par conséquent être fixés dans le sol. A marche dans la direction de la ligne à mesurer, tandis que B applique l'autre extrémité de la chaîne à l'origine de cette ligne. Quand la chaîne est tendue, B s'assure si A est dans l'alignement qu'il doit parcourir, en observant s'il lui cache le jalon terminal ; si A est placé hors de cet alignement, B lui indique par le mouvement de la main, qu'il doit se déplacer à droite ou à gauche. Lorsque A s'est enfin placé dans une position convenable, et que la chaîne est bien tendue, il applique la poignée à terre, et plante une fiche qu'il entre dans cette poignée. Cela fait, A et B se mettent en mouvement ; A marche vers le jalon terminal, et B vers la fiche laissée par A. Arrivé à cette fiche, B l'entre dans la poignée de la chaîne, A tend l'autre extrémité, en ayant soin de ne pas sortir de l'alignement qu'il parcourt ; et quand la chaîne est tendue, A plante comme précédemment, une nouvelle fiche ; B prend celle déjà laissée par A, et tous deux se mettent en mouvement pour répéter la même opération. Autant B aura de fiches à la fin de l'opération, autant de décamètres seront contenus dans la longueur mesurée. En comptant les chaînons compris entre la dernière fiche et le jalon terminal, on aura les fractions de décamètre.

Si la distance a plus de 100 mètres, quand B aura ramassé les 10 fiches, il les rendra à A, et l'un d'eux aura soin de marquer sur le papier ce qu'on nomme une *portée*, dont la valeur est de 100 mètres. Et ainsi de suite.

CHAPITRE IV.

Définition des angles en général. — Angles droits, aigus et obtus, perpendiculaires et obliques; angles complémentaires et supplémentaires.

1. *Quand deux droites* AB, AC, *se rencontrent, les parties de ces droites, terminées au point d'intersection, comprennent une ouverture plus ou moins grande, que l'on nomme* angle plan, *ou simplement* angle. Le point de rencontre A des deux droites, est le sommet de l'angle. Un angle se désigne ordinairement par la lettre du sommet; ainsi pour désigner l'angle (fig. 13) nous dirons l'angle A; quelquefois aussi on désigne un angle par trois lettres, mais alors on met toujours au milieu la lettre du sommet, de sorte que pour désigner l'angle A, on dira indifféremment l'angle BAC ou CAB. Quand plusieurs angles ont leur sommet en un même point, on emploie généralement trois lettres pour désigner l'un d'entr'eux; ainsi, pour désigner l'angle marqué d'une étoile, on dira l'angle CAD ou DAC, et non pas l'angle A. On devine aisément la raison d'une semblable désignation. Comme pour désigner un angle, il est plus commode d'employer une seule lettre; si l'on veut désigner de la sorte l'angle CAD, on aura soin d'écrire dans cet angle la lettre qu'on veut employer, de sorte que l'angle en question pourra aussi être désigné par *m*. Souvent encore, on désigne un angle par un chiffre, qu'on écrit dans l'intérieur de cet angle; ainsi, l'angle A pourra être désigné par (1).

2. Deux angles A et A' étant donnés; si l'on fait glisser le sommet A' de l'un sur le sommet A de l'autre, et qu'on fasse ensuite prendre à A'B' la direction AB; s'il arrive que le côté A'C' prenne la direction AC, ces deux angles seront *égaux*. Il résulte de cette définition, que la grandeur d'un

Fig. 13.

Fig. 14.

Fig. 13.

Fig. 15.

angle ne dépend pas de la longueur de ses côtés, puisque deux angles peuvent être égaux, sans avoir leurs côtés égaux chacun à chacun. Dans la superposition précédente, s'il arrivait que $A'C'$ tombât à gauche ou à droite de AC, l'angle A' serait *moindre* ou *plus grand* que A. Cela posé : lorsqu'une ligne droite AB en rencontre une autre CD, de telle sorte que les angles *adjacents* ABC, ABD, soient égaux, chacun de ces angles s'appelle un *angle droit*, et la ligne AB *est dite perpendiculaire* sur CD.

Tout angle ABE, moindre qu'un angle droit ABD, est un angle *aigu*. Tout angle CBE, plus grand qu'un angle droit ABC, est un angle *obtus*.

Toute ligne, telle que BE, qui n'est pas perpendiculaire sur une droite CD, est une *oblique* par rapport à CD.

Deux angles sont *dits complémentaires*, quand leur somme égale un angle droit. Ils sont *supplémentaires*, quand leur somme égale deux angles droits.

3. Nous emploierons dans la suite, certains termes dont nous allons faire connaître ici la signification.

Théorème, est une vérité qui devient évidente au moyen d'un raisonnement appelé démonstration.

Problème, est une question proposée, qui exige une solution.

Lemme, est une vérité employée subsidiairement, pour la démonstration d'un théorème ou la solution d'un problème. Le nom commun de *proposition*, s'attribue indifféremment aux théorèmes, problèmes et *lemmes*.

Corollaire, est la conséquence qui découle d'une ou plusieurs propositions.

Scholie, est une remarque sur une ou plusieurs propositions précédentes, tendant à faire apercevoir leur liaison, leur restriction ou leur extension, leur utilité.

Hypothèse, est une supposition faite, soit dans l'énoncé d'une proposition, soit dans le courant d'une démonstration.

4. On fait souvent usage en Géométrie, d'un certain raisonnement qu'on nomme *raisonnement par l'absurde*, et qu'on emploie de la manière suivante. Lorsqu'on veut démontrer une proposition par le secours de ce raisonnement, on suppose cette proposition *contraire à son énoncé*, et l'on tire des conséquences de cette hypothèse.

Si, par une suite de raisonnements rigoureux, on arrive à une conséquence absurde, on en conclut que l'hypothèse faite est elle-même absurde, et la proposition énoncée se trouve ainsi démontrée. On verra dans la proposition suivante, un exemple d'un tel raisonnement.

Théorème.

5. *Tous les angles droits sont égaux entr'eux.*   Fig. 17.

Soient BAC, B'A'C', deux angles droits quelconques. Je dis qu'on aura,
$$\mathrm{BAC} = \mathrm{B'A'C'}.$$
Si l'angle BAC n'était pas égal à l'angle B'A'C', il serait plus grand, ou moindre. Supposons-le d'abord plus grand, et prolongeons les lignes BA, B'A', des quantités arbitraires, AX, A'X'. En vertu de la définition des angles droits,   2. nous aurons
$$\mathrm{BAC} = \mathrm{CAX}$$
$$\text{et } \mathrm{B'A'C'} = \mathrm{C'A'X'}.$$

Faisons glisser la figure B'A'C'X', sur la figure BACX, de manière à amener le point A' en A ; cela fait, dirigeons A'B' suivant AB ; comme, par hypothèse, l'angle B'A'C' est   2. moindre que BAC, le côté A'C' tombera à droite de AC, et prendra dans l'angle BAC, une certaine direction AZ. Nous aurons donc
$$\mathrm{XAZ} > \mathrm{CAX}.$$
Mais la figure B'A'C'X', étant devenue la figure BAZX,
$$\mathrm{XAZ} = \mathrm{BAZ},$$
car ces angles ne sont autre chose que C'A'X', et B'A'C',

dont nous avons déjà constaté l'égalité. Remplaçant dans l'inégalité précédente, XAZ et CAX, par leurs valeurs respectives, BAZ, et BAC, il vient,

$$BAZ > BAC,$$

résultat évidemment absurde, puisque, ainsi que le montre la figure, BAZ est $<$ BAC. Donc l'angle BAC, ne saurait être plus grand que B′A′C′. On prouverait de la même manière qu'il ne saurait être moindre; donc

$$BAC = B′A′C′,$$

ce qu'il fallait démontrer. C. Q. F. D.

Corollaire. Par un point A, pris sur une droite BX, on ne saurait élever sur BX deux perpendiculaires.
Supposons pour un instant, qu'on puisse en élever deux AC, AZ. Comme tous les angles droits sont égaux entr'eux, on aurait,

$$BAC = BAZ,$$

ce qui est absurde. Donc, etc.

THÉORÈME.

6. *Quand une droite AB, en rencontre une autre CD, elle forme avec celle-ci deux angles adjacents ACD, BCD qui sont supplémentaires.*

Soient M, m, et K, les nombres abstraits, qui servent de mesure aux angles ACD, BCD, et à l'angle droit; je dis qu'on aura

$$M + m = 2K. (^*)$$

Au point C, j'élève la perpendiculaire CE. Comme l'angle ACD, se compose de l'angle droit ACE, et de l'angle aigu DCE, j'aurai

$$M = K + n,$$

Fig. 18.

II. 7. ax. 4.

(*) Dans la suite, nous représenterons toujours par K, le nombre qui sert de mesure à l'angle droit.

21

en nommant n la mesure de l'angle DCE. Ajoutant m aux deux membres de l'égalité précédente, il vient

$$M + m = K + m + n.$$

Mais l'angle droit BCE, se compose des angles BCD, DCE, qui ont respectivement pour mesure les nombres m et n; donc $K = m + n$, et par suite

$$M + m = 2K. \quad \text{C. Q. F. D.}$$

Scholie. L'égalité $M + m = 2K$, s'écrit ordinairement

$$ACD + BCD = 2K ;$$

mais alors, il faut attribuer à ACD et à BCD, la même signification qu'aux nombres M et m.

1er *corollaire. La somme de tous les angles consécutifs, formés autour d'un point, d'un même côté d'une droite, égale deux angles droits.*

Soient a, b, c, d, e, f, les angles dont il s'agit. Je dis qu'on aura,

$$a + b + c + d + e + f = 2K.$$

Considérons la droite AB, et l'une quelconque CX, des droites qui passent par C. D'après le théorème qui vient d'être démontré, nous aurons

$$ACX + f = 2K.$$

Mais $ACX = a + b + c + d + e$, donc

$$a + b + c + d + e + f = 2K. \quad \text{C. Q. F. D.}$$

2° *corollaire. La somme de tous les angles consécutifs, formés autour d'un point, égale quatre angles droits.*

Soient AOB, BOC, COD.... autant d'angles consécutifs qu'on voudra, formés autour du point O. Pour trouver la somme de tous ces angles, je prolonge le côté quelconque

DO, de la quantité OX, et j'aurai, en vertu du corollaire précédent,

$$AOX + AOE + DOE = 2K,$$

$$BOX + BOC + COD = 2K.$$

Ajoutant ces deux égalités membre à membre, et observant que $AOX + BOX = AOB$, il vient,

$$AOB + BOC + COD + DOE + AOE = 4K.$$

Fig. 21.

3° corollaire. Quand une droite AP, est perpendiculaire sur une autre droite BC, réciproquement, celle-ci est perpendiculaire sur la 1re AP.

Prolongeons AP, d'une quantité quelconque PD. La somme des angles adjacents $APC + CPD$, égale deux droits; mais l'un d'eux APC est droit par hypothèse; l'autre, CPD est donc aussi droit. Par conséquent les angles

5.   adjacents, APC, CPD sont égaux, et d'après la définition,

2.   CP est perpendiculaire sur AP.

THÉORÈME.

7. *Quand deux droites terminées à un même point, font avec une 3° passant par ce point, deux angles adjacents supplémentaires, ces droites sont le prolongement l'une de l'autre.*

Fig. 22.

Soient AC, BC, deux droites terminées au point C, et faisant avec une 3° CE, passant par ce point, deux angles adjacents valant ensemble deux droits; cela étant, je dis que BC sera le prolongement de AC.

Si BC n'est pas le prolongement de AC, AC aura un prolongement CF, différent de AC; alors la ligne ACF étant droite, on aura

6.

$$ACE + ECF = 2K; \text{ mais par hypothèse}$$

$$ACE + BCE = 2K.$$

Donc, à cause que deux quantités égales à une troisième sont égales entr'elles,

$$ACE + ECF = ACE + BCE.$$

Supprimant ACE, terme commun aux deux membres de cette égalité, il reste

$$ECF = BCE, \text{ ce qui est absurde. Donc, etc.}$$

THÉORÈME.

8. *Quand deux droites se coupent, les angles opposés par le sommet, sont égaux.*

Soient AB, CD, deux droites qui se coupent au point O ; Fig. 23. je dis qu'on aura

$$AOC = BOD,$$

$$AOD = BOC.$$

Considérant les droites AB, CO,

$$AOC + BOC = 2K ;$$

les droites CD, BO, donnent pareillement

$$BOC + BOD = 2K,$$

par conséquent,

$$AOC + BOC = BOC + BOD ;$$

supprimant aux deux membres de cette égalité, le terme commun BOC, il reste

$$AOC = BOD.$$

On prouverait de la même manière, que

$$AOD = BOC.$$

6.

CHAPITRE V.

Propriétés des perpendiculaires et des obliques. — Intersection de la ligne droite avec le cercle. — Propriétés des cordes, des sécantes et des tangentes. — Élever et abaisser une perpendiculaire au moyen de la règle et du compas. — Partager une droite, un arc de cercle, ou un angle, en deux parties égales.

THÉORÈME.

1. *Si par deux points pris à volonté d'un même côté d'une droite, on tire des lignes aux extrémités de cette droite, la somme des lignes enveloppées, sera moindre que la somme des lignes enveloppantes.*

Fig. 24. Soient C et D, deux points pris à volonté au-dessus de AB. Je joins chacun de ces points avec A et B, et je dis qu'on aura

$$AC + CB < AD + DB.$$

Je prolonge AC jusqu'à sa rencontre en E avec la ligne BD. Si je prouve que $AC + CB$ est $< AE + EB$, et que cette dernière somme est, à son tour, moindre que $AD + DB$, à plus forte raison $AC + CB$, sera $< AD + DB$, et le théorème sera démontré. Comme la ligne droite est le plus court chemin d'un point à un autre,

$$CB \text{ est } < EB + CE,$$

ajoutant AC aux deux membres de cette inégalité, il vient $AC + BC < EB + CE + AC$; mais $CE + AC = AE$, donc

$$AC + BC < AE + EB.$$

Il reste à faire voir que

$$AE + EB \text{ est } < AD + DB.$$

Or AE est $< AD + DE$; ajoutant EB aux deux membres

de cette inégalité, on obtient $AE + EB < AD + DE + EB$; mais $DE + EB = DB$, donc

$$AE + EB \text{ est} < AD + DB, \text{ et par suite,}$$

$$AC + CB \text{ est} < AD + DB. \quad \text{C. Q. F. D.}$$

Théorème.

2. *D'un point extérieur à une droite, on ne saurait abaisser deux perpendiculaires sur cette droite.*

Soit A un point quelconque, pris en dehors de la droite CD, et supposons que de ce point on puisse abaisser sur CD, deux perpendiculaires AP, AP'; prolongeons l'une d'elles AP, d'une quantité $PB = AP$, et joignons P' avec B. Faisons maintenant tourner autour de PP' la figure BPP', pour la renverser sur la figure APP'; le renversement opéré, la ligne PB prendra la direction PA, à cause que l'angle droit BPP' égale l'angle droit APP', et comme $PB = PA$, le point B tombera en A; en même temps BP' recouvrir a exactement AP, puisque d'un point à un autre, on ne peut mener qu'une seule et même ligne droite; il résulte de cette superposition que les angles AP'P, BP'P sont égaux. Mais le premier de ces angles est droit, le second est donc aussi droit; partant, P'B est le prolongement de AP'. Donc, si du point A on pouvait mener sur CD deux perpendiculaires, on pourrait aussi du point A au point B, mener deux droites différentes, ce qui est absurde. Donc, etc.

Fig. 25.

IV. 7.

II. 7. ax. 1.

Théorème.

3. Si d'un point A, situé hors d'une droite CD, on mène sur cette droite une perpendiculaire AP, et différentes obliques AE, AF, AG, à différents points de CD,

1° *La perpendiculaire* AP, *est plus courte que toute oblique* AE.

2° *Deux obliques,* AE, AF, *qui s'écartent également du pied* P *de la perpendiculaire, sont égales, et font avec* AP *des angles égaux, ainsi qu'avec* CD.

3° *De deux obliques,* AG, AE, *menées comme on*

Fig. 26.

voudra, celle qui s'écarte le plus du pied de la perpendiculaire, est la plus grande.

1er *cas*. Je prolonge AP, d'une quantité PB $=$ AP, et je joins le point E avec le point B. En renversant comme dans la proposition précédente, la figure BPE sur APE, on reconnaîtra que ces figures coïncident parfaitement, d'où il résulte que AE $=$ EB. Mais AB est $<$ AE $+$ EB ; donc AP, moitié de AB, est moindre que AE, moitié de la ligne brisée AEB. C. Q. F. D.

2e *cas*. Supposons PF $=$ PE, et renversons sur APE, la figure APF, en faisant tourner celle-ci autour de AP. Le renversement opéré, PF prendra la direction PE, à cause que APF $=$ APE, et le point F tombera en E ; alors la ligne AF recouvrira exactement AE. Les deux figures coïncidant parfaitement, on conclura,

$$AE = AF, \quad PAE = PAF, \quad PEA = PFA, \quad C.\ Q.\ F.\ D.$$

3e *cas*. Soient les deux obliques AE, AG, qui s'écartent inégalement du point P ; je dis qu'on aura

$$AE < AG.$$

Après avoir prolongé AP d'une quantité PB $=$ AP, je joins le point E avec le point B, le point G avec le point B, et j'observe que les lignes AE, EB sont égales, ainsi que AG et GB (2e cas). Mais le chemin

$$AE + EB \text{ est } < AG + GB\,;$$

donc AE, moitié du chemin AE $+$ EB, est moindre que AG, moitié du chemin AG $+$ GB. C. Q. F. D.

1er *corollaire*. Puisque la perpendiculaire AP est plus courte que toute oblique AE, il s'ensuit que AP mesure la vraie distance du point A à la droite CD.

2e *corollaire*. *D'un point pris hors d'une droite, on ne peut mener à cette droite, plus de deux obliques égales.* Car si, par exemple, on pouvait en mener trois, au moins deux seraient situées d'un même côté de la perpendiculaire abaissée du point donné sur la droite donnée; mais alors elles s'écarteraient inégalement du pied de la perpendiculaire, et ne pourraient être égales.

Théorème.

4. *Si une ligne* AP *est le plus court chemin d'un point* A *à une droite* CD, AP *sera perpendiculaire sur* CD. Car si elle n'était pas perpendiculaire sur CD, elle ne mesurerait pas le plus court chemin du point A à la droite CD, ce qui est contre l'hypothèse.

Fig. 26.

Théorème.

5. Si d'un point A, situé hors d'une droite CD, on mène sur cette droite une perpendiculaire AP, et différentes obliques, AE, AF, AG, à différents points de CD,

Fig. 26.

1° *Deux obliques égales*, AE, AF, *s'écartent également du pied* P *de la perpendiculaire.*

2° *Deux obliques inégales* AF, AG, *s'écartent inégalement du point* P; *la plus petite* AF, *est celle qui s'en écarte le moins.*

1er *cas.* D'abord, la perpendiculaire AP, tombe nécessairement entre le point E et le point F, sans quoi les obliques AE, AF, seraient placées d'un même côté de la perpendiculaire, et ne seraient pas égales; de plus la distance PE doit égaler PF, car autrement les obliques s'écarteraient inégalement du point P, et seraient inégales, ce qui est contre l'hypothèse. Donc, etc.

3.

2° *cas.* Pour démontrer que PF est $<$ PG, il suffit de faire voir que PF n'est ni égal à PG, ni plus grand que PG. D'abord PF n'est pas égal à PG, car si cela était, AF serait égal à AG, ce qui est contre l'hypothèse. PF n'est pas non plus $>$ PG, car alors AF serait $>$ AG, ce qui est encore contre l'hypothèse; donc nécessairement

PF est $<$ PG. C. Q. F. D.

Théorème.

6. *Si par le milieu d'une droite, on élève sur cette droite une perpendiculaire,*

1° *Chaque point de la perpendiculaire sera également distant des deux extrémités de la première droite;*

2° *Tout point situé hors de la perpendiculaire, sera inégalement distant des mêmes extrémités.*

Fig. 27.

Soit AB la droite donnée, et P le milieu de cette droite. Par le point P, j'élève sur AB la perpendiculaire PX, et je dis :

1° *Que tout point* C, *pris sur* PX, *sera également éloigné de* A *et de* B.

Tirant les lignes CA, CB, je remarque que ce sont deux obliques, également écartées du pied P de la perpendiculaire; donc elles sont égales.

2° *Un point quelconque* E, *pris en dehors de* PX, *sera inégalement distant de* A *et de* B.

Je tire les lignes EA, EB. Soit C, le point où la droite EA rencontre PX; en joignant C avec B, j'aurai, en vertu de ce qui vient d'être démontré, CA = CB. Mais EB est $<$ EC + CB; et comme EC + CB = EC + CA = EA,

$$\text{EB est} < \text{EA.}$$

1er *corollaire.* Tout point C, également distant des deux extrémités A et B d'une droite AB, est situé sur la perpendiculaire élevée sur le milieu de cette droite; car s'il n'y était pas situé, il ne serait pas également distant des extrémités A et B.

Fig. 28.

2e *corollaire.* Si deux points C et D sont chacun également distants des deux extrémités d'une droite AB, la ligne CD, qui les joint, est perpendiculaire sur le milieu de AB, car la perpendiculaire élevée sur le milieu de AB, devant passer par ces deux points, coïncide avec la droite CD qui les joint.

Théorème.

7. *Une ligne droite, ne saurait rencontrer une circonférence, en plus de deux points.*

Je suppose pour un instant, qu'une ligne droite puisse passer par trois points A, B, C, d'une circonférence dont le centre est O. En joignant ces trois points avec le point O, par les droites OA, OB, OC, on aura trois lignes égales, menées sur une même droite, par un point extérieur, ce qui est absurde. Donc, etc.

Fig. 29.

3. cor. 2.

Théorème.

La corde d'un arc, est comprise toute entière dans le cercle.

Soit AB, la corde dont il s'agit; en tirant les rayons OA, OB on aura deux obliques égales; donc la perpendiculaire abaissée du point O sur AB, tombera en un point P, placé entre le point A et le point B. Si l'on joint maintenant avec le point O, un point quelconque D de la corde, situé entre A et B, on aura, $OD < OB$; mais OB est un rayon du cercle; donc chaque point D, de la corde AB, sera situé dans le cercle. C. Q. F. D.

Fig. 30.

5. 1er cas.

3. 3e cas.

Théorème.

8. *Tout diamètre partage le cercle et sa circonférence, chacun en deux parties égales.*

Soit AB, un diamètre quelconque du cercle AMBN, et O le centre de ce cercle. Je fais tourner la portion de cercle ANB, autour de AB, pour la renverser sur la portion de cercle AMB. Le renversement opéré, chaque point C, de l'arc ANB, tombera nécessairement sur l'arc AMB; car s'il tombait en dehors, ou en dedans, en E, par exemple, on aurait

Fig. 31.

$$OE = OC.$$

Soit D le point où OE rencontre l'arc AMB; à cause que

les rayons d'un même cercle sont égaux, OC = OD; et comme déjà OE = OC, on aurait aussi

$$OE = OD,$$

ce qui est absurde. Donc la portion de cercle ANB, coïncide parfaitement avec la portion de cercle AMB. Donc le cercle et sa circonférence sont partagés, chacun, en deux parties égales, par tout diamètre AB.

Théorème.

9. *Dans un cercle, toute corde est moindre que le diamètre.*

Fig. 32. Soit AB la corde dont il s'agit. Par l'une des extrémités A de cette corde, je tire le diamètre AC, et je dis qu'on aura,

$$AB < AC.$$

Joignant le point B avec le centre O, l'on a

$$AB < AO + OB;$$

mais à cause que OB = OC, AO + OB = AO + OC = AC; donc

$$AB \text{ est} < AC. \quad \text{C. Q. F. D.}$$

Corollaire. Le diamètre est la plus grande corde qu'on puisse tracer dans un cercle.

10. Une corde soustend toujours deux arcs qui, pris ensemble, forment la circonférence entière; l'un d'eux est donc toujours moindre qu'une demi-circonférence, et l'autre plus grand, quand la soustendante n'est pas un diamètre. Dans la suite, lorsque nous considérerons un arc par rapport à sa corde, nous entendrons parler du plus petit des deux arcs soustendus par cette corde, à moins que nous ne prévenions du contraire.

Théorème.

11. *Dans deux cercles égaux, ou dans le même*

cercle, *les arcs égaux sont soustendus par des cordes égales.*

1ᵉʳ *cas*. Supposons arc AB $=$ arc *ab*, et je dis qu'on aura

$$AB = ab.$$

Fig. 33.

Je fais glisser la circonférence *o* sur la circonférence O; je place le centre *o* sur le centre O, et j'observe qu'à cet instant, les deux circonférences coïncideront parfaitement, puisqu'elles ont des rayons égaux. Je fais tourner maintenant autour du point O la circonférence *o*, jusqu'à ce que le point *a* arrive sur A; comme arc AB $=$ arc *ab*, le point *b* tombera en B, et la corde *ab*, recouvrant dans toute son étendue la corde AB, lui sera égale; C. Q. F. D.

2° *cas*. Supposons maintenant qu'il soit question des arcs égaux AB, CD, qui appartiennent à la même circonférence O, je dis qu'on aura encore

$$AB = CD.$$

Dans une circonférence *o*, égale à la 1ʳᵉ, je prends arc *ab* $=$ arc CD; comme arc AB $=$ arc CD, j'aurai aussi arc AB $=$ arc *ab*; et, comme dans deux circonférences égales, les arcs égaux sont soustendus par des cordes égales, je conclurai

$$AB = ab, \quad CD = ab,$$

d'où $\quad AB = CD. \quad$ C. Q. F. D.

Scholie. Le théorème qui vient d'être démontré, a encore évidemment lieu, lorsque les arcs que l'on considère sont plus grands qu'une demi-circonférence.

THÉORÈME.

12. *Dans une même circonférence, ou dans deux circonférences égales, un plus grand arc est soustendu par une plus grande corde.*

Je suppose d'abord que les arcs AB, CD, dont il

Fig. 34.

s'agit, soient pris dans la même circonférence, et soit arc
AB $>$ arc CD. Sur l'arc AB, je prends arc AE $=$ arc CD, et
je tire la corde AE, qui sera égale à CD. Enfin, je tire les
rayons AO, BO, EO. Le rayon EO rencontrera nécessairement AB, en un point F placé au-dessus du point O, et
j'aurai successivement

$$BF + OF > OB$$

$$AF + EF > AE.$$

Ajoutant ces deux inégalités, membre à membre, il vient

$$BF + AF + OF + EF > OB + AE.$$

Mais $\qquad BF + AF = AB$, et $OF + EF = OE$, donc aussi

$$AB + OE > OB + AE.$$

Supprimant aux deux membres de cette inégalité, les quantités égales OE, OB, il reste AB $>$ AE; mais AE $=$ CD,
donc

$$AB > CD.$$

Si les arcs que l'on considère, appartenaient à des circonférences égales, la démonstration serait, mot pour mot, la
même.

Scholie. S'il était question des arcs CABD, ACDB, qui
sont chacun plus grands qu'une demi-circonférence, le contraire aurait lieu. *Un plus grand arc serait soustendu
par une plus petite corde.* Car supposons arc CABD $>$ arc
ACDB; alors l'arc CD, qu'il faut ajouter au premier pour
avoir la circonférence entière, sera moindre que l'arc AB,
qu'il faut ajouter au second pour avoir la même circonférence; et comme les arcs CD et AB sont moindres qu'une
demi-circonférence, il en résulte

$$CD < AB. \qquad \text{C. Q. F. D.}$$

THÉORÈME.

15. *Dans deux cercles égaux, ou dans le même cercle, des cordes égales soustendent des arcs égaux.*

Je suppose AB $=ab$, et je dis qu'on aura

Fig. 33.

arc AB $=$ arc ab.

Si je prouve que arc AB n'est ni plus grand, ni moindre que arc ab, il lui sera nécessairement égal. Or, arc AB n'est pas plus grand que arc ab, car si cela était, AB serait $> ab$, ce qui est contre l'hypothèse ; arc AB n'est pas non plus moindre que arc ab, sans quoi AB serait $< ab$, ce qui est encore contre l'hypothèse, donc

arc AB $=$ arc ab.

La démonstration serait la même si les arcs dont il s'agit, appartenaient à là même circonférence.

Scholie. Il est évident que la proposition précédente a encore lieu, quand les arcs soustendus par les cordes que l'on considère, sont plus grands qu'une demi-circonférence.

THÉORÈME.

14. *Dans un même cercle, ou dans deux cercles égaux, une plus grande corde soustend un plus grand arc.*

Soit AB $>$ CD, je dis qu'on aura

Fig. 34.

arc AB $>$ arc CD.

D'abord, arc AB n'est pas égal à arc CD, car si cela était, corde AB serait égale à corde CD, ce qui est contre l'hypothèse ; arc AB n'est pas non plus moindre que arc CD, car il faudrait pour cela que AB fût $<$ CD, ce qui est encore contre l'hypothèse, donc

arc AB est $>$ arc CD.

La démonstration serait la même, si les arcs considérés appartenaient à des circonférences égales.

6

Scholie. S'il était question des arcs ACDB, CABD, qui sont chacun plus grands qu'une demi-circonférence, le contraire aurait lieu ; *une plus grande corde sousten-drait un plus petit arc*. En effet, puisque AB est $>$ CD, arc AB est $>$ arc CD, à cause que ces deux arcs sont moindres qu'une demi-circonférence ; donc l'arc ACDB qu'il faut ajouter à arc AB pour faire la circonférence entière, est moindre que l'arc CABD, qu'il faut ajouter au second pour faire la même circonférence.

THÉORÈME.

15. *Toute ligne abaissée du centre d'un cercle, per-pendiculairement sur une corde, partage cette corde et l'arc soustendu, chacun en deux parties égales.*

Fig. 35.

Du centre O, j'abaisse sur la corde AB la perpendiculaire OP, dont le prolongement rencontre en C l'arc AB, et je dis qu'on aura

$$AP = BP,$$
$$\text{arc } AC = \text{arc } BC.$$

5. 1ᵉʳ cas.

Je joins le centre O avec les points A et B par les obliques OA, OB ; comme ces obliques sont égales, elles s'écartent également du pied de la perpendiculaire, donc

$$AP = BP.$$

Je tire maintenant les cordes AC, BC, et j'observe que ces cordes sont égales, comme obliques, s'écartant également du pied P, de la perpendiculaire CP. Mais dans la même circonférence, les cordes égales soustendent des arcs égaux, par conséquent

$$\text{arc } AC = \text{arc } BC.$$

THÉORÈME.

16. *Si par le milieu d'une corde on élève une perpen-diculaire sur cette corde, cette perpendiculaire passera par le centre du cercle et le milieu de l'arc.*

35

En effet, le centre du cercle et le milieu de l'arc, sont deux points également distants des extrémités de la corde ; donc ils sont tous deux situés sur la perpendiculaire élevée au milieu de cette corde. C. Q. F. D.

6. cor. 1.

THÉORÈME.

17. *Dans deux cercles égaux, ou dans le même cercle, les cordes égales sont également éloignées du centre.*

Des centres O et O', j'abaisse sur les cordes égales AB, CD, les perpendiculaires OP, O'R, et je dis qu'on aura

Fig. 36.

$$OP = O'R.$$

Je fais glisser la circonférence O' sur la circonférence O ; je place le centre O' sur le centre O, et j'observe que les deux circonférences, ayant des rayons égaux, coïncideront parfaitement. Je fais tourner maintenant autour du point O la circonférence O', jusqu'à ce que le point C tombe en A ; à cet instant, les arcs AB, CD, qui sont égaux, coïncide-ront dans toute leur étendue, ainsi que les cordes AB, CD ; donc, le point R, pied de la perpendiculaire O'R, tombera quelque part sur AB. Mais les cordes égales AB, CD, sont partagées aux points P et R en deux parties égales, donc CR = AP, donc le point R tombe en P, et l'on a

11.

$$OP = O'R. \qquad C. Q. F. D.$$

Si les cordes considérées appartenaient à la même cir-conférence, on prouverait qu'elles sont encore à égale dis-tance du centre, en employant un raisonnement analogue à celui du n° 11, 2° cas.

THÉORÈME.

18. *Dans une même circonférence, ou dans deux cir-conférences égales, deux cordes inégales sont inégale-ment éloignées du centre ; la plus grande en est la plus rapprochée.*

Fig. 37. Je suppose $AB > CD$; du centre O j'abaisse sur ces cordes les perpendiculaires OP, OR, et je dis qu'on aura

$$OP < OR.$$

Comme AB est $> CD$, arc AB est aussi $>$ arc CD ; je puis donc prendre sur arc AB, arc $AE =$ arc CD ; il en résultera $AE = CD$; par conséquent, la perpendiculaire OS sera égale à OR. Soit F le point où OS rencontre AB, nous aurons $OP < OF$, mais OF est $< OS$, donc à plus forte raison OP est $< OS$; mais $OS = OR$, par conséquent OP est $< OR$. La démonstration serait la même si les cordes dont il est question, appartenaient à des circonférences égales.

Corollaire. Dans deux circonférences égales, ou dans la même circonférence, les cordes également éloignées du centre sont égales; car si elles ne l'étaient pas, elles ne seraient pas également éloignées du centre, ce qui est contre l'hypothèse.

THÉORÈME.

Fig 38. **19.** *Si d'un point quelconque* A, *pris dans l'intérieur d'un cercle, on tire dans une direction quelconque une ligne* AB, *cette ligne sera sécante.*

Je joins le point A avec le centre O, et j'observe que OA sera moindre que OM, rayon du cercle. Abaissant du centre O sur AB une perpendiculaire OP, cette perpendiculaire sera moindre que OA, ou tout au plus égale ; elle sera donc aussi $< OM$; par conséquent le pied P de la perpendiculaire, sera situé dans l'intérieur du cercle. Mais puisque OP est $<$ le rayon, à droite et à gauche de P, il existe nécessairement deux obliques égales à ce rayon ; les pieds D et E de ces obliques seront donc situés sur la circonférence ; donc la ligne AB, prolongée suffisamment, rencontrera cette circonférence en deux points.

1er *corollaire.* Une droite donnée est sécante, dès qu'un seul de ses points est situé dans l'intérieur du cercle.

2ᵉ *corollaire.* Tous les points d'une tangente au cercle, à l'exception du point de contact, sont extérieurs à ce cercle. Car si un seul des points de cette droite était situé dans le cercle, elle ne serait plus tangente, ce qui est contre l'hypothèse.

THÉORÈME.

20. *La ligne menée perpendiculairement à l'extrémité d'un rayon, est tangente à la circonférence ; et réciproquement, toute tangente est perpendiculaire à l'extrémité du rayon qui passe au point de contact.*

1° Soit AB une droite, perpendiculaire à l'extrémité C du rayon OC. A droite ou à gauche de C, je prends un point quelconque D, et je dis que ce point sera placé hors du cercle. Tirant la droite OD, nous aurons OD$>$OC ; mais OC est un rayon, donc OD est plus grand qu'un rayon, donc le point D est extérieur au cercle ; par conséquent AB est tangente.

2° Je suppose AB tangente à la circonférence au point C, et je dis que AB sera perpendiculaire à l'extrémité de OC. Le plus court chemin du point O à la droite AB, est OC, puisque tous les points de AB, sauf le point C, sont extérieurs au cercle ; donc OC est perpendiculaire sur AB.

Corollaire. Par un point donné, pris sur la circonférence d'un cercle, on ne peut mener à cette circonférence qu'une seule tangente. Car si on pouvait en mener deux, toutes deux seraient perpendiculaires à l'extrémité du même rayon, ce qui est impossible. Donc, etc.

PROBLÈME.

21. *Par un point donné* C, *pris sur une droite* AB, *élever une perpendiculaire sur cette droite.*

A droite et à gauche de C, je prends les distances égales CD, DE. Le point C étant également distant des extrémités D et E, il suffira, pour résoudre le problème, d'avoir en-

core un point également distant de D et de E ; car la ligne
qui joindra ce point avec le point C, sera la perpendiculaire
demandée. Pour marquer un point également éloigné de D
et de E ; des points D et E, pris pour centres, et avec un
même rayon $>$ D C, je décris deux arcs de cercle qui se
coupent en M ; le point M sera évidemment le point cherché.
Donc en tirant MC on aura la perpendiculaire demandée.

Scholie. Si je m'étais servi d'un rayon moindre que DC,
il est visible que les arcs décrits ne se seraient pas rencontrés.

PROBLÈME.

22. *D'un point* M *extérieur à une droite* AB, *abaisser
une perpendiculaire sur cette droite.*

Ayant pris au-dessous de AB un point quelconque N, je
décris une circonférence en prenant le point M pour centre,
et MN pour rayon. Comme la ligne MN est plus grande
que la perpendiculaire abaissée du point M sur AB, il s'en
suit que le pied de cette perpendiculaire sera situé dans
l'intérieur du cercle décrit ; donc la circonférence de ce
cercle, rencontrera nécessairement AB en deux points.
Soient C et D ces deux points ; d'après la construction
précédente, le point M sera également distant des extrémités C et D, de la partie CD de AB ; donc pour résoudre le problème énoncé, il faudra marquer encore un
point également distant de C et de D, et ce point, nous le dé-
terminerons comme dans le problème précédent. Ainsi, des
points C et D, pris pour centres, et avec un même rayon
plus grand que la moitié de CD, je décris deux arcs de
cercle qui se coupent en R ; je tire ensuite MR qui sera la
perpendiculaire demandée, puisque deux des points de
MR seront à égale distance des extrémités C et D.

Scholie. En portant deux fois sur CD l'ouverture de
compas qui sert à décrire les arcs de cercle, on s'assurera
si cette ouverture de compas est plus grande ou moindre
que la moitié de CD.

PROBLÈME.

23. *Partager une droite donnée* AB, *en deux parties* Fig. 4².
égales.

Pour résoudre ce problème, il suffit de tracer une ligne
qui soit perpendiculaire sur le milieu de AB; et pour déterminer cette perpendiculaire, il faut marquer deux points
également éloignés chacun des extrémités A et B. Des   6. Cor. 2.
points A et B pris pour centres, et avec un même rayon
plus grand que la moitié de AB, je décris au-dessus et au-
dessous de AB, des arcs de cercle qui se rencontrent
en M et N. Je tire MN qui sera perpendiculaire sur le
milieu de AB. Donc le milieu de AB sera situé au point
d'intersection P de AB et de MN.

PROBLÈME.

24. *Trouver le centre d'un cercle, ou d'un arc donné.*
Pour résoudre ce problème, on tracera deux cordes dans
le cercle ou dans l'arc donné; puis on élèvera une perpendiculaire sur le milieu de chacune. Le point cherché sera
situé au point d'intersection de ces perpendiculaires.   16.

PROBLÈME.

25. *Partager un arc de cercle en deux parties égales.*
Pour résoudre ce problème, on élèvera une perpendiculaire sur le milieu de la corde qui soustend cet arc; cette
perpendiculaire divisera l'arc en deux parties égales.   16.

PROBLÈME.

26. *Partager un angle donné* A *en deux parties* Fig. 43.
égales.

A partir du point A, je porte successivement, sur les
deux côtés AX, AY de l'angle, une même ouverture de
compas, et je détermine ainsi deux points B et C, également éloignés de A. Des points B et C, pris pour centres,
et avec un rayon plus grand que la moitié de BC, je décris,

au-dessous de BC, deux arcs de cercle qui se coupent
en D ; je tire AD, et je dis que cette ligne sera la ligne demandée. Il résulte, en effet, de la construction précédente,
que AD est perpendiculaire sur le milieu P de BC ; donc
les obliques égales AB, AC, s'écartent également du point
P, et font avec AD, des angles égaux. C. Q. F. D.

27. *Énoncés de questions à résoudre.*

I. Si l'on divise en deux parties égales, les deux angles
adjacents formés par la rencontre de deux droites, quel
angle font entr'elles les bissectrices?

II. Quel est le plus court et le plus long chemin, pour
aller d'un point donné à une circonférence donnée?

III. Étant donnés, une doite AB et deux points C et D
extérieurs à cette droite ; trouver sur la droite AB, un point
S, tel qu'en le joignant aux points C et D par deux droites
CS, DS, l'angle ASC, soit égal à l'angle BSD.

IV. Un ouvrier, partant d'un endroit déterminé, veut
aller par le plus court chemin, sur le terrain de son travail,
après avoir puisé de l'eau sur le bord rectiligne d'un ruis-
seau dont la position est déterminée, quelle route doit-il
suivre ?

V. Déterminer sur une droite, et en général sur une
ligne courbe donnée, un point également distant de deux
points donnés.

CHAPITRE IV.

*Théorie des parallèles. — Démonstration de Bertrand
de Genève. — Propriétés du cercle coupé par deux
parallèles.—Mesure des angles inscrits et circonscrits.
— Divers moyens de mener des parallèles.*

THÉORÈME.

1. *Deux droites CP, DQ, perpendiculaires sur une*

même droite AB , *ne peuvent se rencontrer à quelque* Fig. 45.
distance qu'on les prolonge.

Si les droites CP, DQ , prolongées suffisamment, pouvaient se rencontrer en un certain point R , on pourrait, de
ce point, abaisser sur AB deux perpendiculaires, ce qui V. 2.
est impossible. Donc, etc.

Scholie. Deux droites sont *dites parallèles*, lorsqu'é-
tant situées dans un même plan , elles ne peuvent se rencontrer, quelque loin qu'on les prolonge l'une et l'autre.

THÉORÈME.

2. *Si sur l'un des côtés d'un angle aigu, on élève une
perpendiculaire , cette perpendiculaire ira rencontrer
l'autre côté.*

Soit ZOY un angle aigu quelconque ; je dis que toute Fig. 46.
perpendiculaire PV, élevée en un point quelconque P
de OY, ira rencontrer OZ. Au point O, j'élève sur OY la
perpendiculaire OX, et je dis d'abord que la portion infinie
de plan , comprise entre les côtés de l'angle aigu XOZ, sera
plus grande que celle comprise entre les parallèles OX, PV,
terminées aux points O et P. Concevons en effet que l'on
construise autour du point O, et à droite de OZ , une suite
d'angles consécutifs, tous égaux à XOZ; on pourra évidemment en construire un nombre *fini* tel , que l'angle
XOU , résultant de la somme XOZ $+$ ZOR $+$ etc. , de ces
angles, sera égal à l'angle droit XOY, ou plus grand que
cet angle. À la suite du point P, portons maintenant sur
OY, autant de parties égales à OP, qu'il y a d'angles partiels
moins un, dans XOU, et par chaque point de division ,
élevons des perpendiculaires sur OY; ces perpendiculaires 1.
seront parallèles et formeront consécutivement des bandes
qui seront égales, comme on peut s'en assurer par la
superposition. Mais évidemment, la somme de ces bandes
n'embrassera pas la portion de plan comprise dans l'angle
droit XOY; donc la surface infinie comprise dans l'angle

7

aigu XOZ, sera plus grande que celle comprise entre les parallèles OX, PV, puisque la première surface répétée un certain nombre de fois, donne un résultat plus grand que la deuxième répétée le même nombre de fois.

Je dis maintenant que PV ira rencontrer OZ, car sans cela, la portion de plan comprise dans l'angle XOZ, serait contenue dans la bande XOPV, et serait, par conséquent, moindre que cette bande, ce qui est absurde. Donc, etc.

THÉORÈME.

3. *Par un point donné, on ne saurait mener deux parallèles à une droite donnée.*

Fig. 47. Soient C et AB, le point et la droite donnés. Du point C, j'abaisse sur AB, la perpendiculaire CP, puis au point C, j'élève sur PC la perpendiculaire CD, et je dis que CD est
1. la seule parallèle qu'on puisse mener par le point C à la droite AB. En effet, si par le point C, on pouvait mener une seconde parallèle à AB, cette parallèle ne pourrait avoir que l'une ou l'autre des positions CY, CZ; dans le premier cas, elle ferait un angle aigu avec CP, et irait rencontrer AB, au-dessus du point P; dans le second cas, son prolongement CS ferait un angle aigu avec CP, et irait rencontrer AB au-dessous du point P. Donc, etc.

1er *corollaire.* Quand deux droites sont parallèles, toute ligne qui rencontre l'une rencontre aussi l'autre.

2° *corollaire. Quand deux droites AB, DE sont parallèles, toute ligne CP perpendiculaire à l'une d'elles AB, est aussi perpendiculaire à l'autre.* Car, si CP n'était pas perpendiculaire sur DE, on pourrait par le point C, mener CY perpendiculaire à CP; mais alors CY serait parallèle à
1. AB, et l'on aurait deux parallèles à la même droite, passant par un même point C, ce qui est impossible. Donc, etc.

THÉORÈME.

4. *Deux droites parallèles à une troisième, sont parallèles entr'elles.*

Je suppose que les lignes CD., EF, soient toutes deux parallèles à la même ligne AB; je dis que CD et EF sont aussi parallèles. J'élève sur AB une perpendiculaire qui rencontre les deux autres lignes aux points R et S ; PS est perpendiculaire à CD, car CD est, par hypothèse, parallèle à AB ; par la même raison PS est perpendiculaire à EF. Donc les lignes CD, EF sont parallèles, puisqu'elles sont toutes deux perpendiculaires à la même droite PS. C. Q. F. D.

Fig. 48.

THÉORÈME.

5. *Quand deux droites parallèles, AC, BD, sont coupées par une sécante EF, la somme CEF + EFD des angles intérieurs d'un même côté, est égale à deux angles droits.*

Fig. 49.

Du point M milieu de EF, j'abaisse sur BD la perpendiculaire MP, que je prolonge jusqu'à sa rencontre en Q avec la ligne AC. Comme MP est perpendiculaire sur BD, MQ, prolongement de MP, est aussi perpendiculaire sur AC parallèle de BD. Je fais tourner maintenant autour du point M, et de gauche à droite, la figure MBD, jusqu'à ce que MF arrive sur ME ; *quand* MF *se sera placé sur* ME, MP, prendra la direction MQ, car l'angle FMP=EMQ ; et comme par construction MF = ME, le point F aboutira en E. Mais pendant le mouvement de la figure MBD, la ligne FP est toujours restée perpendiculaire sur MP, donc FP est maintenant perpendiculaire sur MQ, ce qui exige que FP, prenne la direction EQ ; par conséquent les angles EFD, AEF sont égaux. Cela posé : nous avons CEF + AEF = 2 K ; mais AEF = EFD, donc aussi.

IV. 8·
V. 2.

CEF + EFD = 2K. C. Q. F. D.

Scholie. Il résulte de la superposition précédente que CEF = EFB ; donc aussi

AEF + EFB = 2K.

THÉORÈME.

6. *Quand deux droites non parallèles sont coupées*

44

*par une sécante , la somme des angles intérieurs d'un
même côté, n'est pas égale à deux angles droits.*

Fig. 5o. Soient AC et BD , les droites dont il s'agit , coupées par
le sécante EF. Puisque AC n'est pas parallèle à BD, je tire
par le point E une ligne GH parallèle à BD. En vertu de
ce qui vient d'être démontré , $HEF + EFD = 2K$; mais
suivant que EH tombe au-dessus ou au-dessous de EC,
$CEF + EFD$ est $<$ou$>$ $HEF + EFD$, donc $CEF + EFD$ est
$<$ou$>$ $2K$. C. Q. F. D.

*Corollaire. Quand deux droites font avec une sécante,
deux angles intérieurs d'un même côté, dont la somme
est égale à deux angles droits, les lignes ainsi coupées
sont parallèles ;* car si elles ne l'étaient pas, en vertu de ce
qui vient d'être démontré , la somme des angles intérieurs
d'un même côté, ne serait pas égale à deux angles droits ,
ce quiest contre l'hypothèse. Donc, etc.

7. Deux angles sont dits *correspondants*, ou *internes
externes* , lorsqu'étant formés par deux parallèles et une
sécante, ils sont situés, l'un entre les parallèles, l'autre en
dehors, mais d'un même côté de la sécante, sans toutefois
Fig. 51. être adjacents ; tels sont les angles DSR, CRE.

Dans les mêmes circonstances , deux angles sont dits
alternes internes , lorsqu'étant situés entre les deux parallèles , ils sont placés l'un à droite, l'autre à gauche de la
sécante, mais sans être adjacents; tels sont les angles CRS,
RSB. Enfin deux angles sont dits *alternes externes*, lorsque
étant situés tous deux en dehors des parallèles , ils sont
placés par rapport à la sécante, comme les angles alternes
internes ; tels sont les angles CRE, BSF.

THÉORÈME.

8. *Deux angles sont égaux s'ils sont, ou correspondants, ou alternes internes, ou alternes externes.*

Fig. 5x. 1° Prenons pour fixer les idées, les angles correspondants,

DSR , CRE. En vertu du n° 5 de ce chapitre , nous avons l'égalité

$$DSR + CRS = 2\,K.$$

Nous avons aussi CRS $+$ CRE $= 2\,K$; comparant ces IV. 6. égalités, on conclut DSR $=$ CRE.

2° Soient les angles alternes internes, CRS, RSB. Comme deux angles opposés par le sommet sont égaux, CRS$=$ARE; mais à cause que deux angles correspondants sont égaux, RSB $=$ ARE ; or deux quantités égales à une troisième sont égales entr'elles, donc CRS $=$ RSB.

3° Supposons qu'il soit question des angles alternes externes, CRE, BSF. CRE et DSR , sont égaux comme angles correspondants ; l'on a aussi BSF $=$ DSR ; donc CRE $=$ BSF. C. Q. F. D.

Scholie. Comme la proposition précédente n'a lieu qu'autant que la somme des angles intérieurs d'un même côté , est égale à deux angles droits , il en résulte que pour deux lignes non parallèles coupées par une sécante , les angles ayant, ou la position des angles *correspondants*, ou celle des angles *alternes internes*, ou celle des angles *alternes externes*, ne sont pas égaux. Donc, si pour deux lignes coupées par une sécante, il arrive que deux angles, ayant ou la position des angles correspondants, ou celle des angles alternes internes, ou celle des angles alternes externes , soient égaux, les lignes ainsi coupées seront parallèles, car si elles ne l'étaient pas, les angles dont il vient d'être parlé ne seraient pas égaux.

Théorème.

9. *Deux angles sont égaux , quand ils ont les côtés parallèles chacun à chacun , et dirigés dans le même sens ou en sens contraire ; ils sont inégaux, lorsqu'ayant les côtés parallèles, l'un d'eux n'est pas dirigé dans le sens de celui qui lui est parallèle.*

Comme les angles droits sont égaux, quelle que soit leur

position relative, nous supposerons que les angles dont il s'agit ne sont pas droits.

Fig. 52.

1° Soient BAC, EDF, deux angles ayant leurs côtés AB, DE, parallèles, ainsi que AC, DF ; et de plus dirigés dans le même sens ; soit aussi R le point de rencontre des lignes AC, DE. Les angles BAC, ERC, sont égaux comme angles correspondants ; par la même raison EDF = ERC ; donc aussi, BAC = EDF.

2° Je suppose qu'il soit question maintenant des angles BAC, GDH, qui ont les côtés parallèles, mais dirigés en sens contraire. Prolongeant GD et HD, je forme EDF = BAC, car ces angles rentrent dans le cas qui vient d'être examiné ; mais GDH = EDF ; donc aussi BAC = GDH.

3° Je considère les angles BAC, EDG, qui ont leurs côtés parallèles, et qui sont tels que les côtés, DG, AC, sont dirigés en sens contraire. Comme, par hypothèse, l'angle EDG n'est pas droit, il est inégal à son supplémentaire EDF ; mais EDF = BAC, donc aussi EDG est inégal à BAC. C. Q. F. D.

THÉORÈME.

10. *Deux parallèles interceptent sur la circonférence des arcs égaux.*

Trois cas pourront se présenter ; ou les deux parallèles seront sécantes, ou l'une sera sécante et l'autre tangente, ou elles seront toutes deux tangentes.

Fig. 53.

3. cor. 2.

V. 15.

1° Soient AB, CD, les deux parallèles. Du centre O, j'abaisse sur AB la perpendiculaire OP, que je prolonge jusqu'à sa rencontre en S et R, avec la sécante CD, et la circonférence. Comme OR est perpendiculaire sur AB, OR l'est aussi sur CD ; de sorte que les arcs ARB, CRD sont partagés au point R, chacun en deux parties égales ; nous aurons donc :

arc. AR = arc. BR.

arc. CR = arc. DR.

Retranchant ces deux égalités membre à membre, il vient :

$$\text{arc. AR} - \text{arc. CR} = \text{arc. BR} - \text{arc. DR}.$$

Mais, arc. AR — arc. CR = arc. AC, et arc. BR — arc. DR = arc. BD ; par conséquent,

$$\text{arc AC} = \text{arc BD}.$$

2° Je suppose maintenant AB sécante, CD tangente ; et je joins avec le centre O, le point de contact R. OR sera perpendiculaire à CD, et comme AB est parallèle à CD, OR sera aussi perpendiculaire à AB ; donc l'arc ARB, sera partagé au point R en deux parties égales, et l'on aura

Fig. 54.

V. 20.

$$\text{arc AR} = \text{arc. BR}.$$

3° Je suppose que les parallèles AB, CD, soient tangentes aux points R et S. Je tire la sécante MN, parallèle à l'une des tangentes ; MN sera aussi parallèle à l'autre ; et nous aurons, en vertu de ce qui vient d'être démontré dans le cas précédent,

Fig. 55.

4.

$$\text{arc. MR} = \text{arc. NR}.$$

$$\text{arc. MS} = \text{arc. NS}.$$

Ajoutant ces deux égalités membre à membre, et observant que arc. MR + arc. MS = arc. RMS, et que arc. RN + arc. NS = arc. RNS, il vient :

$$\text{arc. RMS} = \text{arc. RNS. C. Q. F. D.}$$

Corollaire. La ligne RS, partageant la circonférence en deux parties égales, est un diamètre ; *donc la ligne qui joint les points de contact de deux tangentes parallèles, est un diamètre du cercle.*

THÉORÈME.

11. *Réciproquement ; si deux droites interceptent sur une circonférence des arcs égaux, ces droites seront* *parallèles, pourvu que les arcs interceptés ne soient pas situés, l'un au-dessus, l'autre au-dessous de ces lignes.*

Trois cas pourront se présenter ; ou les deux lignes seront sécantes, ou l'une sera sécante et l'autre tangente, ou elles seront toutes deux tangentes.

1° Soient les droites AB, CD, qui interceptent les arcs égaux, AC, BD, sur la circonférence O. Si CD n'était pas parallèle à AB, on pourrait par le point C, mener CE parallèle à AB ; et comme deux parallèles interceptent des arcs égaux sur la circonférence, ou aurait, arc. AC = arc. BE. Mais par hypothèse, arc. AC = arc. BD, donc on aurait aussi arc. BD = arc. BE, ce qui est absurde, soit que CE passe au-dessus, ou au-dessous de CD.

2° *Même démonstration que pour le premier cas.*

3° Je suppose arc. RMS = arc. RNS, et je tire MN parallèle à CD. Comme deux parallèles interceptent sur la circonférence des arcs égaux, j'aurai, arc. MR = arc. NR. Retranchant cette égalité de la précédente, il vient

$$\text{arc. RMS} - \text{arc. MR} = \text{arc. RNS} - \text{arc. NR} ;$$

$$\text{mais, arc. RMS} - \text{arc. MR} = \text{arc. MS, et}$$

$$\text{arc. RNS} - \text{arc. NR} = \text{arc. NS ; donc}$$

$$\text{arc. MS} = \text{arc. NS,}$$

et, en vertu du 2ᵉ cas, AB est parallèle à MN. Or par construction CD est aussi parallèle à MN ; donc AB est parallèle à CD. C. Q. F. D.

Scholie. Si les arcs égaux AC, BD, interceptés entre les droites AB, CD, ne sont pas situés l'un au-dessus, l'autre au-dessous de ces droites, ces droites ne seront pas parallèles ; car prenant à droite du point C, arc. CE = arc. AC, et tirant BE, cette ligne sera parallèle à CD ; mais alors AB rencontrera nécessairement CD.

Théorème.

12. *Dans deux cercles égaux ou dans le même cercle, les angles égaux dont le sommet est au centre, interceptent entre leurs côtés des arcs égaux.*

Soient, AOB; A'O'B', deux angles égaux placés aux centres O et O' de deux circonférences égales, je dis qu'on aura

Fig. 58.

$$\text{arc. } AB = \text{arc. } A'B'.$$

Je fais glisser la circonférence O' sur l'autre ; j'amène O' en O, et je fais prendre à O'A' la direction OA. Comme les circonférences sont égales , l'arc A'B' s'appliquera sur l'arc AB ; et à cause que l'angle A'O'B' = AOB , le côté O'B' prendra la direction OB ; en même temps le point B' tombera en B. Donc les arcs AB, A'B' coïncideront dans toute leur étendue, et seront égaux.

Si les angles proposés appartenaient à la même circonférence , on prouverait qu'ils interceptent encore des arcs égaux, en employant un raisonnement analogue à celui du ch. V. 11. 2° cas.

Corollaire. Un angle droit , ayant son sommet au centre d'une circonférence, intercepte entre ses côtés le quart de cette circonférence.

Théorème.

13. *Réciproquement , si deux angles ayant leur sommet au centre de deux circonférences égales, ou de la même circonférence , interceptent entre leurs côtés des arcs égaux, ces angles seront égaux.*

Soient AOB, A'O'B' deux angles au centre, interceptant *Fig. 58.* sur les circonférences égales O et O', les arcs égaux AB , A'B'; je dis qu'on aura

$$AOB = A'O'B'.$$

Si l'angle AOB n'était pas égal à l'angle A'O'B', il serait plus grand, ou moindre. Supposons-le d'abord plus grand, et prenons AOC = A'O'B'. En vertu du théorème précédent, arc. AC = arc. A'B'; mais arc. A'B' = arc. AB, donc aussi, arc. AC = arc. AB, ce qui est absurde. Donc AOB n'est pas plus grand que A'O'B'. On prouverait de la même manière qu'il n'est pas moindre; donc AOB = A'O'B'.

La démonstration serait la même, si les arcs égaux interceptés, appartenaient à la même circonférence.

PROBLÈME.

14. *En un point donné* A *d'une ligne* AB *, construire un angle égal à un angle donné* C.

Du point C pris pour centre, et avec un rayon quelconque, je décris l'arc EF, entre les deux côtés de l'angle. Du point A, et avec le même rayon, je décris pareillement l'arc indéfini GX. Enfin, du point G, et avec un rayon égal à corde EF, je décris un arc de cercle qui coupe GX en H; je tire AH, et je dis que l'angle GAH sera égal à l'angle C. D'après les constructions précédentes, corde EF = corde GH; et comme les arcs, EF, GH, ont été décrits avec des rayons égaux, ils sont égaux; par suite, les angles, C, GAH, le sont aussi. C. Q. F. D.

THÉORÈME.

15. *Si deux angles* A *et* α *, ont leur sommet au centre de deux circonférences égales, ou de la même circonférence, et que l'un d'eux* α *intercepte entre ses côtés l'unité d'arc, le rapport de l'angle* A *à l'angle* α *, sera égal à l'arc que l'angle* A *intercepte entre ses côtés.*

Soient BC et EF les arcs interceptés par les angles A et α, et supposons que EF soit l'unité d'arc; en nommant a la mesure de l'arc BC, je dis qu'on aura

$$\frac{A}{\alpha} = a.$$

Concevons l'arc EF, partagé en un nombre entier infini

d de parties égales infiniment petites ; l'arc BC, contiendra un nombre entier infini n de ces parties, et l'on aura

$$a = \frac{n}{d}, \text{ d'où } n = ad.$$

En joignant les centres des cercles avec chaque point de division des arcs EF, BC, les angles α et A se trouveront partagés, le premier en un nombre d, le second en un nombre n, d'angles infiniment petits et tous égaux entr'eux ; donc en nommant p la mesure de chacun de ces petits angles, nous aurons, $\alpha = dp$, $A = np = adp$, car nous avons vu que $n = ad$; divisant A par α, et supprimant au numérateur et au dénominateur, le facteur commun dp, il vient

$$\frac{A}{\alpha} = a. \quad \text{C. Q. F. D.}$$

La démonstration serait mot pour mot la même, si les angles A et α avaient leur sommet au centre de la même circonférence.

Théorème.

16. *Deux angles ayant leur sommet au centre de la même circonférence, ou de deux circonférences égales, sont entr'eux, comme les arcs, qu'ils interceptent entre leurs côtés.*

Soient A et B ces deux angles, et α celui qui intercepte entre ses côtés l'unité d'arc ; en nommant a et b les arcs interceptés par les angles A et B, nous aurons

$$\frac{A}{\alpha} = a \, , \; \frac{B}{\alpha} = b.$$

Divisant ces deux égalités membre à membre en ayant égard à la règle de la division de deux fractions, il vient

$$\frac{A\alpha}{B\alpha} = \frac{a}{b}, \text{ ou } \frac{A}{B} = \frac{a}{b}. \quad \text{C. Q. F. D.}$$

Scholie. Comme pour évaluer les arcs a et b, l'on a pris pour unité un arc de même rayon, on pourrait croire que l'égalité précédente n'a lieu que dans cette hypothèse ; mais il est aisé de faire voir qu'elle a lieu, quelle que soit l'unité choisie. En effet, nommons l la longueur de l'unité d'arc, rapportée à une ligne d'espèce quelconque, arbitrairement choisie pour unité ; nommons aussi a' et b' ce que deviennent les arcs a et b rapportés à la nouvelle unité ; nous aurons évidemment

$$a' = al, \; b' = bl.$$

Divisant membre à membre ces deux égalités, il vient

$$\frac{a'}{b'} = \frac{al}{bl} = \frac{a}{b};$$

mais l'on a déjà , $\dfrac{A}{B} = \dfrac{a}{b}$, donc aussi

$$\frac{A}{B} = \frac{a'}{b'}. \;\; \text{C. Q. F. D.}$$

Théorème.

Fig. 61.

17. *Si deux angles égaux* A *et* B, *ont leur sommet au centre de deux circonférences inégales, ces angles interceptent entre leurs côtés des arcs qui ont entr'eux le même rapport que les circonférences auxquelles ils appartiennent.*

Pour abréger , j'exprime par a et b les longueurs des arcs, CD, EF, rapportés à une ligne quelconque, prise pour unité ; j'exprime aussi par C et C' les longueurs des circonférences auxquelles appartiennent les arcs a et b, et je dis qu'on aura

$$a : b :: C : C'.$$

Comparant l'angle A à un angle droit qui aurait son

53

sommet au centre A, et l'angle B, à un angle droit qui aurait son sommet au centre B, j'aurai successivement 16.

$$A : K :: a : \tfrac{1}{4} C$$

$$B : K :: b : \tfrac{1}{4} C'.$$

Mais par hypothèse A=B, donc ces deux proportions ont un rapport commun, et l'on a, entre les quatre autres termes,

$$a : b :: C : C' ;$$

car il est permis de supprimer le dénominateur commun 4, aux deux termes du dernier rapport de la proportion résultante. C. Q. F. D.

Corollaire. Si l'angle A, intercepte entre ses côtés un arc d'un certain nombre de degrés, son égal B, interceptera sur l'autre circonférence, un arc d'un même nombre de degrés.

Car supposons, pour fixer les idées, que l'arc a soit de 10 degrés ; on aura, par conséquent, $a = \tfrac{10}{360} C$, et la proportion $a : b :: C : C'$ deviendra

$$\tfrac{10}{360} C : b :: C : C'.$$

Divisant par C les deux *antécédants* de cette proportion, elle devient

$$\tfrac{10}{360} : b :: 1 : C';$$

faisant le produit des extrêmes et celui des moyens, on trouve

$$b = \tfrac{10}{360} C'.$$

L'arc b est donc aussi de 10 degrés. C. Q. F. D.

Théorème.

18. *Réciproquement, si deux angles A et B, ayant* Fig. 61. *leur sommet au centre de deux circonférences inégales, interceptent entre leurs côtés des arcs dont le rapport est le même que celui des deux circonférences, ces angles seront égaux.*

Soient toujours a et b les arcs interceptés par les angles A et B; désignons aussi par C et C' les deux circonférences, et supposons

$$a : b :: C : C';$$

cela étant, je dis qu'on aura,

$$A = B.$$

Comparant l'angle A à un angle droit qui aurait son sommet au point A, et l'angle B à un angle droit qui aurait son sommet au point B, j'aurai successivement

$$A : K :: a : \tfrac{1}{4} C$$
$$B : K :: b : \tfrac{1}{4} C'.$$

Mais la proportion donnée, $a : b :: C : C'$ devient, en divisant par 4 ses deux derniers termes, et changeant ensuite les moyens de place,

$$a : \tfrac{1}{4}C :: b : \tfrac{1}{4} C';$$

les deux proportions qui précèdent cette dernière, ont donc un rapport commun; par conséquent les quatre autres termes donnent

$$A : K : B : K, \text{ d'où } A = B.$$

Corollaire. Si deux angles, ayant leur sommet au centre de deux circonférences inégales, interceptent entre leurs côtés des arcs d'un même nombre de degrés, ces angles seront égaux.

Théorème.

19. *Tout angle au centre a pour mesure l'arc qu'il intercepte entre ses côtés; pourvu qu'on prenne pour unité d'angle, celui qui, placé au centre de la même circonférence, ou d'une circonférence égale, intercepte entre ses côtés l'unité d'arc.*

Soit A l'angle au centre que l'on considère, et α, celui

55

qui correspond à l'unité d'arc ; en désignant toujours par a
la mesure de l'arc intercepté par A, l'on a

$$\frac{A}{\alpha} = a.$$

15.

Donc, en prenant α pour unité d'angle, et faisant en conséquence $\alpha = 1$ dans l'égalité précédente, elle devient

$$A = a.$$

Ce qui fait voir que l'angle au centre, et l'arc intercepté,
ont tous deux la même mesure. Donc, si l'arc intercepté
par A contient, par exemple, 25 unités d'arc, le nombre
abstrait 25, sera la mesure de cet arc, et aussi la mesure
de l'angle A ; de sorte que l'angle A, vaudra 25 angles
égaux à celui qui intercepte entre ses côtés l'unité d'arc.

Scholie. Comme pour évaluer des arcs de cercle décrits
avec des rayons égaux, on prend pour unité le *degré*, ou la
360e partie de la circonférence que l'on considère, il en
résulte que, relativement à chaque circonférence, l'unité
d'angle sera l'angle au centre, qui embrassera un arc d'un
degré ; et cet angle qui sert d'unité, sera le même par
rapport à toutes les circonférences, car l'angle qui, placé
au centre d'une certaine circonférence, comprend, entre
ses côtés, un arc d'un degré, placé au centre de toute autre
circonférence, cet angle interceptera aussi un arc d'un
degré. Donc quelle que soit la circonférence dans laquelle
on mesurera un angle au centre, on trouvera toujours le
même nombre pour la mesure de cet angle.

17. Cor.

Corollaire. Comme un angle au centre, quand il est droit,
intercepte le quart de la circonférence, ou un arc de 90
degrés, il s'en suit que l'angle droit a pour mesure le
nombre abstrait 90 ; donc, à cause que nous sommes con-
venus de représenter par K la mesure de l'angle droit, nous
pouvons écrire,

$$K = 90.$$

IV. 6. (*)

Pour abréger le langage, on désigne la valeur numérique

d'un angle, par le nombre des degrés de l'arc qui lui sert de mesure; ainsi, par exemple, on dit que l'angle droit vaut 90 degrés, pour dire qu'un tel angle *est égal à 90 angles égaux à celui qui, ayant son sommet au centre d'une circonférence quelconque, intercepte entre ses côtés un arc d'un degré.*

THÉORÈME.

20. *L'angle inscrit a pour mesure, la moitié de l'arc compris entre ses côtés.*

Trois cas pourront se présenter. Dans le 1er cas, le centre du cercle sera situé sur l'un des côtés de l'angle; dans le 2° cas, il sera situé dans l'angle; dans le 3e cas, il sera extérieur à l'angle.

1° Soit ASB l'angle inscrit dont on veut trouver la mesure. Je mène par le centre O, une ligne EF parallèle à AS, et l'angle inscrit ASB, sera égal à l'angle au centre BOE, car les angles, ASB, BOE, sont correspondants, par rapport aux parallèles AS, EF, et à la sécante BS. Or, l'angle au centre BOE a pour mesure l'arc BE; donc aussi ASB a pour mesure l'arc BE. Mais arc. BE=arc. SF, et arc. AE =arc. SF; donc arc. BE = arc. AE ; donc l'angle ASB a pour mesure la moitié de l'arc AB.

2° Soit ASC l'angle dont il s'agit. Par le sommet S, je tire le diamètre SB, qui décompose l'angle ASB en deux angles, ASB, BSC, ayant respectivement pour mesure $\frac{1}{2}$ AB et $\frac{1}{2}$ BC; donc l'angle ASC, a pour mesure; $\frac{1}{2}$ AB+$\frac{1}{2}$ BC= $\frac{1}{2}$ (AB + BC) = $\frac{1}{2}$ AC.

3° Considérons enfin l'angle ASD. Par le point S, je tire le diamètre SB, et j'observe que ASD=BSD—BSA ; mais en vertu du 1er cas, BSD et BSA ont respectivement pour mesure, $\frac{1}{2}$ BD, et $\frac{1}{2}$ AB; par conséquent l'angle ASD, a pour mesure, $\frac{1}{2}$ BD— $\frac{1}{2}$ AB=$\frac{1}{2}$ (BD—AB) = $\frac{1}{2}$ AD. C. Q. F. D.

1er *Corollaire.* Tout angle inscrit dans une demi circonférence est un angle droit, car cet angle comprend entre ses côtés une demi-circonférence, et a pour mesure un arc de 90 degrés.

2e *corollaire*. Tous les angles inscrits dans le même segment sont égaux, car ces angles, interceptant le même arc, ont la même mesure.

19. cor.

THÉORÈME.

21. *Tout angle* ACD, *formé par une tengente et une corde, a pour mesure la moitié de l'arc* CED, *qu'il comprend entre ses côtés.*

Fig. 63.

Par le point de contact C, je tire le diamètre CE, qui sera perpendiculaire sur AB ; je décompose ainsi l'angle ACD, en un angle droit ACE, et un angle inscrit DCE. Mais tout angle droit a pour mesure un arc de 90 degrés, donc l'angle ACE a pour mesure la moitié de la demi-circonférence CE; et comme l'angle inscrit DCE a pour mesure la moitié de l'arc DE, il en résulte que l'angle ACD, a pour mesure la moitié de l'arc CED. On prouverait d'une manière analogue que l'angle BCD, a pour mesure la moitié de l'arc CD.

V. 20.

20.

THÉORÈME.

22. *Tout angle qui a son sommet dans le cercle, a pour mesure la demi-somme des arcs compris entre ses côtés, et le prolongement de ces mêmes côtés.*

Considérons l'angle BAC, et prolongeons jusqu'aux points D et E, les côtés, AB, AC de cet angle. En menant par le point D, DF parallèle à AC, nous aurons, BAC=BDF. Mais l'angle inscrit BDF a pour mesure $\frac{1}{2}$ BF, donc aussi BAC a pour mesure $\frac{1}{2}$ BF ; e comme BF=BC+CF=BC+DE, car CF=DE ; il s'en suit que BAC a pour mesure $\frac{1}{2}$ (BC+DE). C. Q. F. D.

Fig. 64.

8.

THÉORÈME.

23. *Tout angle qui a son sommet hors du cercle, et dont les côtés rencontrent la circonférence de ce cercle,*

9

58

a pour mesure la demi-différence des arcs qu'il comprend entre ses côtés.

Soit A l'angle dont il s'agit. Je dis que cet angle aura pour mesure $\frac{1}{2}$ (BC—DE). Par le point D, je mène DF parallèle à AC; je forme ainsi l'angle inscrit BDF qui est égal à l'angle A. Mais BDF a pour mesure $\frac{1}{2}$ BF, ou $\frac{1}{2}$ (BC—CF) $=\frac{1}{2}$ (BC—DE); donc aussi l'angle A a pour mesure $\frac{1}{2}$ (BC—DE). C. Q. F. D.

Corollaire. L'angle circonscrit S, *a pour mesure la demi-circonférence, diminuée du plus petit des deux arcs qu'il comprend entre ses côtés.*

J'exprime par C la circonférence entière, et je dis que S aura pour mesure $\frac{1}{2}$ C — arc. AB. En vertu de ce qui vient d'être démontré, l'angle S a pour mesure $\frac{1}{2}$ arc. ADB — $\frac{1}{2}$ arc. AB; mais arc. ADB+arc. AB=C; donc, $\frac{1}{2}$ arc. ADB $=\frac{1}{2}$ C— $\frac{1}{2}$ arc. AB. Substituant cette valeur de $\frac{1}{2}$ arc. ADB, dans la mesure de S, elle devient, $\frac{1}{2}$ C—arc. AB. C. Q. F. D.

PROBLÈME.

24. *Par un point donné* C, *mener une parallèle à une ligne donnée* AB.

1er *procédé.* D'un point O convenablement choisi, et avec OC pour rayon, je décris une circonférence qui rencontre la ligne AB en deux points A et E. Au-dessous du point E, je prends arc. EF= arc. AC, et je tire CF, qui sera la parallèle demandée.

2° *procédé.* D'un point D pris à volonté sur AB, et avec DC pour rayon, je décris l'arc de cercle AC. Du point C, et avec le même rayon, je décris l'arc indéfini DX; à partir du point D, je porte sur DX une ouverture de compas DE, égale à corde AC; je joins le point C avec le point E, et je dis que CE sera la parallèle demandée. En effet, d'après la construction précédente, les arcs de même rayon, AC, DE, sont soustendus par des cordes égales, donc ces arcs sont égaux; par suite les angles, ADC, DCE, sont aussi égaux;

mais ces angles ont la position des angles alternes internes par rapport aux droites AB, CE et à la sécante CD ; donc les lignes AB, CE sont parallèles. C. Q. F. D.   8. sch.

PROBLÈME.

25. *Elever une perpendiculaire à l'extrémité d'une ligne, qu'on ne veut pas, ou qu'on ne peut pas prolonger.*

Soit AB la ligne donnée, et B le point par lequel il faut Fig. 69.
élever la perpendiculaire. D'un point O pris à volonté en dehors de AB, et avec OB pour rayon, je décris une circonférence qui rencontre en B et C la ligne AB. Par le point C, je tire le diamètre CX; je joins l'extrémité X de ce diamètre avec le point B , et la ligne BX sera la perpendiculaire demandée, car l'angle CBX, inscrit dans une demi-circonférence, est un angle droit.   20. Cor. 1.

PROBLÈME.

26. *Sur une ligne donnée, décrire un segment capable d'un angle donné; c'est-à-dire un segment tel, que tous les angles qui y seront inscrits, soient égaux à l'angle donné.*

Soient AB et C la ligne et l'angle donnés. Je prolonge AB Fig. 70.
de la quantité quelconque BD, et au point B, je fais DBE 14.
= C. Sur la ligne BE j'élève au point B la perpendiculaire Bx ; sur le milieu de AB, j'élève pareillement la perpendiculaire Py, qui rencontre la première en O ; du point O pris pour centre, et avec OB pour rayon, je décris une circonférence, qui passe par les points A et B ; et je dis que le segment AMB est le segment demandé. D'abord tous les angles inscrits dans ce segment sont égaux entr'eux comme ayant tous pour mesure la moitié de l'arc AB ; de plus ils sont égaux à l'angle ABF qui a la même mesure; mais 21.
ABF=DBE=C; donc tous les angles inscrits dans le segment AMB sont égaux à l'angle C.   C. Q. F. D.

27. *Enoncés de questions à résoudre.*

I. Etant donnés, une droite, et un point extérieur à cette droite ; mener par le point donné, une ligne, qui fasse avec la première un angle égal à un angle donné.

II. Deux observateurs placés sur le même méridien, dirigent au même instant deux lignes de mire sur une même étoile située dans le plan de ce méridien, et ils mesurent l'angle que chacune de ces lignes fait avec la verticale du *lieu.* Les lignes de mire pouvant être supposées parallèles à cause du grand éloignement de l'étoile, on demande le nombre des degrés de l'arc terrestre qui sépare les deux observateurs.

CHAPITRE VII.

*Triangles ; définition des diverses sortes de triangles.—
La somme des angles de tout triangle est égale à deux
droits.—Cas divers d'égalité des triangles.—Propriétés
particulières du triangle isocèle, et du triangle rectangle. — Intersection et contact des cercles. — Construction des triangles.*

1. *Un triangle est une portion de plan que trois lignes
droites enveloppent de toutes parts.* Ainsi la portion de
plan BAC est un triangle; les trois poins A, B, C, en sont les
sommets, et les lignes, BC, AC, AB, les bases, relativement
aux sommets A, B, C.

On distingue les triangles par leurs côtés et par leurs
angles. Par rapport à ses côtés, un triangle est *équilatéral*
s'il a ses trois côtés égaux ; *isocèle*, si deux côtés seulement sont égaux ; *scalène*, si les trois côtés sont inégaux.

Par rapport à ses angles, un triangle est *équiangle* s'il
a ses trois angles égaux ; *rectangle,* s'il renferme un angle
droit (le côté opposé à l'angle droit se nomme hypothénuse);

acutangle, s'il renferme un angle aigu ; *obtusangle*, s'il renferme un angle obtus. On donne le nom de triangle *obliquangle*, à tout triangle qui n'est pas rectangle.

Lorsque les trois sommets d'un triangle sont placés sur la circonférence d'un cercle, on dit que le triangle est *inscrit* dans ce cercle. En même temps, le cercle est dit *circonscrit* au triangle.

Un triangle est *circonscrit* à un cercle, lorsque les trois côtés de ce triangle sont des *tangentes* à la circonférence de ce cercle. Dans le même cas, on dit que le cercle est inscrit dans le triangle.

THÉORÈME.

2. *Dans tout triangle, chaque côté est plus petit que la somme des deux autres.*

Soient AB le plus grand des trois côtés d'un triangle quelconque BAC. Comme le plus court chemin d'un point à un autre est la ligne droite, on a

Fig. 71.

$$AB < BC + AC. \quad \text{C. Q. F. D.}$$

Corollaire. Dans tout triangle, chaque côté est plus grand que la différence des deux autres.

Soit BC un côté quelconque. En vertu de ce qui précède, nous aurons

$$AC + BC > AB.$$

Retranchant AC des deux membres de cette inégalité, il vient

$$BC > AB - AC. \quad \text{C. Q. F. D.}$$

THÉORÈME.

3. *Dans tout triangle, la somme des trois angles est égale à deux angles droits.*

Par le sommet A du triangle quelconque BAC, je mène DE parallèle à la base BC. Les angles, B, BAD, sont égaux comme étant alternes internes ; les angles, C, CAE, sont

Fig. 72.

égaux par la même raison ; donc la somme des trois angles du triangle BAC , égale la somme BAD+BAC+CAE , des angles consécutifs formés au-dessous de DE , autour du point A ; et, comme cette dernière somme égale deux droits, il en est de même de la somme B+C+BAC des trois angles du triangle donné. C. Q. F. D.

IV. 6.

1er *Corollaire*. Connaissant deux des trois angles d'un triangle, on aura la valeur du 3e, en retranchant de deux angles droits, la somme des angles connus. Je suppose, par exemple, $B=\frac{3}{4}$ $C=\frac{1}{2}$, l'angle droit étant pris pour unité. Je fais la somme des valeurs de B et de C, et je trouve $B+C=1\frac{1}{4}$; je retranche cette somme de 2 droits , ou de $\frac{8}{4}$, et il vient $BAC=\frac{3}{4}$.

Fig. 73.

2e *corollaire. Dans tout triangle BAC, l'angle extérieur BCD , est égal à la somme A+B des angles intérieurs et opposés.*

En vertu de ce qui vient d'être démontré ,

$$A+B+ACB=2K ; \text{ mais l'on a aussi}$$

IV. 6.

$$BCD+ACB=2K ;$$

comparant ces deux égalités, on trouve

$$BCD=A+B. \quad C. Q. F. D.$$

3e *corollaire. Quand deux triangles ont deux angles égaux chacun à chacun, le 3e de l'un est égal au 3e de l'autre ; cela est évident.*

4e *corollaire. Dans tout triangle rectangle , les deux angles aigus sont complémentaires.*

Théorème.

Fig. 74.

4. *Deux triangles sont égaux, quand ils ont un angle égal, compris entre deux côtés égaux chacun à chacun.*

Soient, BAC , B'A'C', deux triangles dans lesquels je suppose

$$A=A', AB=A'B', AC=A'C'.$$

Je dis que ces deux triangles seront égaux. Je fais glisser
le triangle B′A′C′ sur l'autre ; j'amène le point A′ au point A,
et je fais prendre à A′B′ la direction AB ; comme A′B′=
AB, le point B′ tombera en B. Mais, l'angle A′ est égal à
l'angle A ; donc le côté A′C′ prendra la direction AC, et
de plus C′ tombera en C, à cause que A′C′= AC. Les
points B′ et C′, tombant respectivement en B et C, le côté
B′C′ recouvrira exactement BC ; et les deux triangles
seront égaux, car ils coïncideront parfaitement. On conclut
de l'égalité de ces triangles, que

II. 7. ax. 1.

$$B{=}B′, C{=}C′, BC{=}B′C′. \quad \text{C. Q. F. D.}$$

Théorème.

5. *Deux triangles sont égaux, lorsqu'ils ont un côté*
égal, adjacent à deux angles égaux chacun à chacun.

Soient deux triangles, BAC, B′A′C′, dans lesquels je
suppose,

Fig. 74.

$$BC{=}B′C′, B{=}B′, C{=}C′.$$

Je dis que ces deux triangles seront égaux. Faisant glisser
le triangle B′A′C′, j'amène le point B′ en B, et je fais
prendre à B′C′ la direction BC ; comme, par hypothèse,
B′C′= BC, C′ tombera en C. Mais les angles B′ et C′
étant respectivement égaux aux angles B et C, les côtés,
B′A′, C′A′, prendront respectivement les directions, BA, CA,
et le point A′ tombera à la fois sur BA et sur CA. A′ devant
se trouver à la fois sur BA et sur CA, ne pourra tomber
qu'au point d'intersection A de ces deux lignes. Ainsi, les
triangles comparés, sont égaux, car ils coïncident parfaitement, et de cette coïncidence résultent les égalités

$$AB{=}A′B′, AC{=}A′C′, A{=}A′.$$

Théorème.

6. *Si deux triangles ont un angle inégal compris entre*

64

deux côtés égaux chacun à chacun, le troisième côté du triangle qui renferme le plus grand angle, sera plus grand que le troisième côté de l'autre triangle.

Fig. 75. Soient deux triangles, BAC, B'A'C', dans lesquels je suppose

$$BAC > B'A'C', \quad AB = A'B', \quad AC = A'C'.$$

Je dis qu'on aura

$$BC > B'C'.$$

Au point A, je tire une ligne, AG = A'B', qui fasse avec AC, l'angle CAG = l'angle A' ; je joins le point C avec le point G, et le triangle CAG sera égal au triangle B'A'C'. De l'égalité de ces triangles, on conclut

$$CG = B'C'.$$

Je partage maintenant l'angle BAG en deux parties égales ; la ligne de division AH tombera nécessairement à gauche de AC. Je joins le point H avec le point G, et je forme ainsi deux triangles, BAH, HAG, qui sont égaux comme ayant un angle égal compris entre deux côtés égaux chacun à chacun ; en effet, par construction l'angle BAH = l'angle HAG, et de plus AB et AG sont égaux, comme étant égaux chacun à A'B'. Il résulte de l'égalité de ces triangles, que

$$BH = HG.$$

Mais dans tout triangle, un côté quelconque est moindre que la somme des deux autres ; donc,

$$CH + HG \text{ est } > CG.$$

Remplaçant dans cette inégalité, HG et CG, par leurs valeurs respectives, BH, B'C', et observant que CH + BH = BC, il vient

$$BC > B'C'. \quad \text{C. Q. F. D.}$$

THÉORÈME.

7. *Réciproquement, si deux triangles ont deux côtés*

égaux, chacun à chacun, et que le 3° côté de l'un ne soit pas égal au 3° côté de l'autre ; dans le triangle qui renferme le plus grand côté, l'angle opposé à ce côté sera plus grand que l'angle opposé au 3° côté dans l'autre triangle.

Considérons les triangles BAC, B'A'C' et supposons

$$AB = A'B', \quad AC = A'C', \quad BC > B'C'.$$

Fig. 76.

Je dis qu'on aura

$$A > A'.$$

Si A n'était pas plus grand que A', il serait égal ou moindre. Si A était égal à A', les deux triangles seraient égaux, et le côté BC serait égal au côté B'C', ce qui est contre l'hypothèse ; si l'angle A était moindre que A', en vertu de la proposition précédente, BC serait $< B'C'$, ce qui est encore contre l'hypothèse ; donc nécessairement

4.

$$A \text{ est} > A'. \qquad \text{C. Q. F. D.}$$

THÉORÈME.

8. *Deux triangles sont égaux quand ils ont leurs trois côtés égaux chacun à chacun.*

Considérons les deux angles, BAC, B'A'C', et supposons,

$$AB = A'B', \quad AC = A'C', \quad BC = B'C'.$$

Fig. 74.

Si l'angle A du premier triangle, était égal à l'angle A' du second, les deux triangles seraient égaux, car ils auraient un angle égal compris entre deux côtés chacun à chacun. La question est donc ramenée à prouver que $A = A'$; et pour cela, il suffit de faire voir que A n'est ni plus grand ni moindre que A'. D'abord, A n'est pas plus grand que A', car si cela était, BC serait $> B'C'$, ce qui est contre l'hypo-

6.

thèse ; A n'est pas non plus moindre que A', car il faudrait pour cela, que BC fût $< B'C'$, ce qui est encore contre l'hy-

6.

pothèse ; donc nécessairement $A = A'$, et les triangles comparés sont égaux . De l'égalité de ces triangles, on conclut

$$A=A', \quad B=B', \quad C=C'.$$

Scholie. En faisant attention à la position des côtés égaux, par rapport à celle des angles égaux, dans les triangles égaux, BAC, B'A'C', on reconnaît que les côtés égaux sont opposés à des angles égaux, et réciproquement. *Cette remarque est extrêmement importante.*

THÉORÈME.

9. *Deux triangles rectangles sont égaux , quand ils ont deux côtés égaux chacun à chacun.*

Si les côtés qui sont égaux dans les deux triangles, sont ceux qui comprennent l'angle droit, les deux triangles sont égaux, car ils ont un angle égal compris entre deux côtés égaux chacun à chacun. Il reste donc à examiner le cas où les deux triangles *ont l'hypothénuse égale et un côté égal.*

Fig. 77.   Soient donc, BAC, B'A'C', les deux triangles rectangles considérés, dans lesquels je suppose

$$AC=A'C', \quad AB=A'B'.$$

Je fais glisser le triangle B'A'C' sur l'autre ; je place le point A' sur le point A, et je fais prendre à A'B' la direction AB. Comme par hypothèse A'B'=AB , le point B' tombera en B, et le côté B'C' prendra la direction BC, car l'angle droit B' est égal à l'angle droit B ; le point C' tombera donc quelque part sur BC. Mais les lignes égales , AC, A'C', partent d'un même point A de la perpendiculaire AB, et vont aboutir sur BC ; donc ces obliques s'écartent également du point B ; donc, le point C' tombe en C, et les triangles comparés sont égaux. C. Q. F. D.

THÉORÈME.

10. *Deux triangles rectangles sont égaux , quand ils ont l'hypothénuse égale, et un angle aigu égal.*

Considérons les triangles rectangles, BAC, B'A'C', et Fig. 77.
supposons

$$AC = A'C', \quad A = A'.$$

Comme par hypothèse $A = A'$, et que $A + C$ égale un angle droit, ainsi que $A' + C'$, il en résulte que l'angle C est égal à l'angle C', Donc les deux triangles sont égaux, comme ayant un côté égal adjacent à deux angles égaux chacun à chacun. C. Q. F. D.

THÉORÈME.

11. *Dans un triangle isocèle, les angles opposés aux côtés égaux sont égaux.*

Dans le triangle BAC, je suppose AB=AC; et je dis que Fig. 78.
l'angle B sera égal à l'angle C. Je joins le point A avec le milieu P de BC, et j'observe que la ligne AP est perpendiculaire sur BC, comme ayant deux de ses points A et P, également éloignés des extrémités de BC. Donc les angles V. 6. cor. 2.
B et C sont égaux. V. 3. 2e cas.

Scholie. Je ferai remarquer que les angles, BAP, CAP, sont aussi égaux; et comme on a vu que AP était perpendiculaire sur BC, on peut dire que *dans un triangle isocèle, la ligne qui va du sommet au milieu de la base, est perpendiculaire à cette base, et partage en deux parties égales l'angle du sommet.*

Corollaire. Un triangle équiangle, est en même temps équilatéral.

THÉORÈME.

12. *Réciproquement, si deux angles sont égaux dans un triangle, les côtés opposés seront égaux, et le triangle sera isocèle.*

Dans le triangle BAC, je suppose l'angle B=l'angle ACB, Fig. 79.
et je dis qu'on aura

$$AB = AC.$$

Prouvons d'abord que AB n'est pas plus grand que AC.

et à cet effet, supposons pour un instant $AB > AC$. Prenons $BD = AC$, et joignons le point D avec le point C. Le triangle BDC renferme l'angle B qui, par hypothèse, est égal à l'angle ACB du triangle BAC ; l'angle B, dans le premier triangle, est compris entre les côtés, BD, BC; et l'angle ACB, dans l'autre triangle, est compris entre $AC = BD$, et le côté BC commun. Donc ces triangles sont égaux, comme ayant un angle égal compris entre deux côtés égaux chacun à chacun. Mais une telle égalité est impossible; donc AB n'est pas plus grand que AC. On prouverait de la même manière que AC n'est pas plus grand que AB, ou en d'autres termes, que AB n'est pas moindre que AC; donc $AB = AC$. C. Q. F. D.

THÉORÈME.

15. *De deux côtés d'un triangle, celui-là est le plus grand qui est opposé à un plus grand angle, et réciproquement; de deux angles d'un triangle, celui-là est le plus grand qui est opposé à un plus grand côté.*

Fig. 80. 1° Dans le triangle BAC, je suppose l'angle $ABC > C$, et je dis qu'on aura

$$AC > AB.$$

Dans l'angle ABC, je construis l'angle $CBD = C$; et je forme ainsi un triangle BDC, dans lequel

12.
$$BD = CD.$$

Mais le triangle ABD donne,

$$AD + BD > AB.$$

Remplaçant dans cette inégalité, BD par son égal CD, et observant que $AD + CD = AC$, il vient,

$$AC > AB. \quad \text{C. Q. F. D.}$$

2° Soit maintenant $AC > AB$, et faisons voir qu'on aura,

$$ABC > C.$$

D'abord l'angle ABC, n'est pas moindre que l'angle C, car il faudrait pour cela que AB fût$>$ AC, ce qui est contre l'hypothèse. ABC n'est pas non plus égal à C, car si cela était, le triangle BAC serait isocèle, et l'on aurait AB$=$AC, ce qui est encore contre l'hypothèse; donc nécessairement

$$\text{ABC est}>\text{C.} \quad \text{C. Q. F. D.}$$

THÉORÈME.

14. *Si deux circonférences se coupent en deux points, la ligne qui passe par leurs centres, sera perpendiculaire sur le milieu de la corde qui joint les points d'intersection.*

Soient O et O' les centres de deux circonférences qui se coupent en A et B; je dis que la ligne des centres, sera perpendiculaire sur le milieu de la corde AB. Les centres O et O', étant chacun également distants des points A et B, il en résulte que la ligne OO' est perpendiculaire sur le milieu de AB.   C. Q. F. D.

Fig. 81.

V. 6. cor. 2.

THÉORÈME.

15. *Par trois points donnés non en ligne droite , on peut toujours faire passer une circonférence , mais on n'en peut faire passer qu'une.*

Soient, A, B, C, les trois points donnés. Je tire les droites, AB, AC, sur le milieu desquelles j'élève les perpendiculaires PX , QY, et je dis d'abord que ces perpendiculaires prolongées suffisamment iront se rencontrer. Si QY ne devait pas rencontrer PX, QY serait parallèle à PX; et par suite, AB, qui est par construction perpendiculaire à PX, serait aussi perpendiculaire à QY. Donc on pourrait, d'un même point B, abaisser deux perpendiculaires, BR , BQ, sur une même droite RY, ce qui est absurde; ainsi, les lignes , PX, QY, ne sont pas parallèles. Soit O le point de rencontre de ces deux lignes ; je joins le point O, avec les points, A, B, C, et j'observe que les obliques, OA, OB, sont égales, comme s'écartant également du pied P de la perpendiculaire PX;

Fig. 82.

V1.3. cor. 1,2.

et comme la même chose a lieu pour les obliques, OB, OC, relativement à la perpendiculaire QY, j'en conclus que les trois obliques, OA, OB, OC, sont égales. Donc en décrivant une circonférence, en prenant le point O pour centre, et pour rayon, l'une de ces obliques, cette circonférence passera par les trois points donnés, A, B, C. Ainsi, par trois points donnés non en ligne droite, on peut toujours faire passer une circonférence.

Je dis de plus qu'on n'en peut faire passer qu'une. Supposons qu'une seconde circonférence puisse passer par les trois points, A, B, C. Les lignes, AB, BC, seront des cordes de cette circonférence; et comme les droites, PX, QY, sont respectivement perpendiculaires sur le milieu de ces cordes, elles iront passer toutes deux par le centre de la nouvelle circonférence. Donc, les deux circonférences auront même centre O. Elles auront aussi même rayon; car le point A, appartenant à la nouvelle circonférence, OA sera nécessairement le rayon de cette circonférence; et comme OA est aussi le rayon de la première, il en résulte que les deux circonférences auront même centre et même rayon. Donc, elles coïncideront parfaitement. C. Q. F. D.

1^r *corollaire.* Une circonférence donnée, peut être rencontrée en deux points, par une infinité d'autres.

2e *corollaire.* Deux circonférences excentriques ne sauraient se rencontrer en plus de deux points; car, dès que deux circonférences ont trois points communs, elles ont même centre et même rayon.

THÉORÈME.

16. *Quand deux circonférences se rencontrent en deux points, la distance de leurs centres est moindre que la somme de leurs rayons, et plus grande que la différence de ces mêmes rayons.*

(NOTA.) Dans ce théorème, et dans les suivants qui seront relatifs à l'intersection ou au contact des cercles, je représenterai par d la distance des centres, par R et r le plus grand, et le plus petit rayon. Je marquerai aussi par O et O' les centres des circonférences ayant respectivement pour rayons R et r.

Soient A et B les points d'intersection des deux circonfé- Fig. 83.
rences. Je joins avec les centres O, O', l'un quelconque A des points d'intersection, et le triangle OAO' donnera

$$OO' < OA + O'A$$

$$OO' > OA - O'A. \qquad\qquad 2.$$

Mais $OO' = d$, $OA = R$, $O'A = r$; remplaçant dans les relations précédentes, OO', OA, $O'A$, par leurs valeurs, il vient

$$d < R + r$$

$$d > R - r. \qquad \text{C. Q. F. D.}$$

THÉORÈME.

17. *Quand deux cercles sont tangents, la distance de leurs centres est égale à la somme ou à la différence de leurs rayons.*

Deux cas pourront se présenter, ou les centres des deux cercles seront placés, à droite et à gauche du point de contact, ou d'un même côté de ce point.

1er *cas.* Soit B le point de contact des deux cercles; je Fig. 84.
tire les rayons, OB, O'B, et je dis d'abord que la ligne OBO' sera une ligne droite. En effet, pour aller du point O au point O' par le plus court chemin, il faut passer nécessairement par le point B; car de la sorte on ne parcourra que la somme des rayons des deux cercles, tandis que si l'on suivait tout autre chemin OCO', on parcourrait la somme OC + O'D des rayons, et en plus, le chemin CD. La ligne OBO' est donc le plus court chemin du point O au point O'; cette ligne est donc droite, et on a l'égalité $OO' = OB + O'B$ ou

$$d = R + r.$$

Fig. 85.

2ᵉ *cas*. Je joins avec le point de contact B, le centre O, et je dis que la ligne OB passera par le centre O′ de la petite circonférence. Je suppose pour un instant que le point O′ soit extérieur à OB. Je joins le point O′ avec le point B, et le triangle OO′B donnera

$$OB < OO' + O'B.$$

Mais $OB = OC = OO' + O'C$, donc

$$OO' + O'C < OO' + O'B.$$

Supprimant aux deux membres cette inégalité, le terme commun OO′, il reste

$$O'C < O'B,$$

résultat absurde, car le point C, étant extérieur à la petite circonférence, la distance de ce point, au centre O′, doit être plus grande que le rayon O′B. Donc les centres et le point de contact sont en ligne droite, et l'on conclut, $OO' = OB - O'B$, ou

$$d = R - r. \qquad \text{C. Q. F. D.}$$

THÉORÈME.

18. *Quand deux cercles ne se rencontrent pas, la distance des centres est, ou plus grande que la somme des rayons, ou moindre que la différence de ces mêmes rayons.*

Deux cas pourront se présenter ; ou les deux cercles seront extérieurs, ou ils seront intérieurs.

Fig. 86.

1ᵉʳ *cas*. Soient B et C les points où la ligne des centres rencontre les deux circonférences ; nous aurons.

$$OO' > OB + O'C,$$

car OO′ surpasse OB+O′B de la quantité BC ; remplaçant dans l'inégalité précédente OO′ par d, OB par R, et O′C par r, cette inégalité devient

$$d > R + r.$$

2° cas. Soient B et C les points où la ligne des centres Fig. 87.
rencontre les deux circonférences, nous aurons évidemment

$$OC < OB.$$

Mais $OC = d+r$, et $OB = R$, par conséquent

$$d+r \text{ est } < R.$$

Retranchant r des deux membres de cette inégalité, il
vient,

$$d < R-r. \quad \text{C. Q. F. D.}$$

THÉORÈME.

19. *Réciproquement, si, pour deux cercles donnés de
grandeur et de position, la distance des centres est moindre que la somme des rayons, et plus grande que la différence de ces mêmes rayons. Ces deux cercles se rencontreront en deux points.*

D'abord les deux cercles devront se rencontrer, car s'ils
ne se rencontraient pas, on aurait

$$\text{ou } d > R+r, \text{ ou } d < R-r, \qquad \text{18.}$$

ce qui est contre l'hypothèse. Les deux cercles ne sont pas
non plus tangents, car si cela était, on aurait

$$\text{ou } d = R+r, \text{ ou } d = R-r, \qquad \text{17.}$$

ce qui est encore contre l'hypothèse. Ainsi, les deux cercles
doivent se rencontrer, ils ne peuvent être tangents; donc ils
se rencontreront nécessairement en deux points. C. Q. F. D.

THÉORÈME.

20. *Réciproquement, si pour deux cercles donnés de
grandeur et de position, la distance des centres est égale
à la somme ou à la différence des rayons, ces deux cercles
seront tangents.*

1° Je suppose

$$d = R+r,$$

et je dis que les deux cercles se toucheront extérieurement, ce qui veut dire que les centres seront placés à droite et à gauche du point de contact. D'abord, les deux cercles devront se rencontrer, car s'ils ne se rencontraient pas, on aurait

$$\text{ou } d > R+r, \text{ ou } d < R-r;$$

or, la 1re de ces inégalités n'a pas lieu, puisque, par hypothèse, $d = R+r$; la 2e n'a lieu non plus, car, comme $d = R+r$, d n'est pas $< R-r$; ainsi, les deux cercles se rencontreront. De plus, ils ne se rencontreront pas en deux points; car si cela arrivait, on aurait

$$d < R+r,$$

ce qui est contre l'hypothèse. Donc, les deux cercles seront tangents. Reste encore à déterminer le point de contact. Or

17. ce point est situé sur la ligne des centres; et, comme dans le cas actuel, R et r sont chacun moindres que d, puisque $d = R+r$, il en résulte que le point de contact sera placé entre les deux centres, à l'endroit où la ligne qui joint ces centres, sera rencontrée par l'une ou l'autre des circonférences données. Ce contact aura donc lieu comme dans la fig. 84.

2° Soit maintenant

$$d = R-r.$$

18. D'abord les deux cercles se rencontreront, car s'ils ne se rencontraient pas, cette égalité n'aurait pas lieu. De plus, ils ne se rencontreront pas en deux points, car s'ils se rencontraient ainsi, on aurait

$$d > R-r,$$

ce qui est contre l'hypothèse. Donc, les deux cercles seront tangents, et l'on démontrera sans peine que les deux centres seront placés d'un même côté du point de contact. Ainsi, dans le cas que nous examinons, le contact aura lieu comme dans la fig. 85.

THÉORÈME.

21. *Réciproquement, si pour deux cercles donnés de grandeur et de position, la distance des centres est, ou plus grande que la somme des rayons, ou moindre que la différence de ces mêmes rayons, ces deux cercles ne se rencontreront pas.*

1° Supposons

$$d > R + r.$$

D'abord les deux cercles ne seront pas tangents, car si cela était, on aurait

ou $d = R + r$, ou $d = R - r$,

ce qui est contre l'hypothèse. Les deux cercles ne peuvent pas non plus se rencontrer en deux points, car s'ils se rencontraient ainsi, on aurait

$$d < R + r,$$

ce qui est encore contre l'hypothèse. Donc les deux cercles ne se rencontreront pas.

2° En supposant

$$d < R - r,$$

on démontrera comme précédemment que les deux cercles ne se rencontreront pas.

PROBLÈME.

22. *Construire un triangle avec trois lignes données*, D, R, *r*.

Fig. 88.

Je tire une ligne OO', égale à l'une quelconque D des trois lignes données. Des points O et O' pris pour centres, et avec R et *r* pour rayons, je décris, au-dessus, ou au-dessous de OO', deux arcs de cercle qui se coupent en M ; je joins le point M avec les extrémités O et O' de la ligne OO', et le triangle OMO' sera le triangle demandé, car il satisfait à l'énoncé du problème. Tout autre triangle, construit avec les trois lignes données D, R, *r*, employées dans un ordre différent, sera égal au triangle OMO' que nous

venons de construire, car il aura ses trois côtés respectivement égaux à ceux de ce triangle.

Scholie. On sait que, dans tout triangle, un côté quelconque est moindre que la somme des deux autres ; par
conséquent, le triangle demandé ne pourra être construit
avec les trois lignes données, si la plus grande de ces lignes
2. n'est pas moindre que la somme des deux autres. Reste à
savoir si l'on pourra toujours construire un triangle avec
trois lignes données, quand la plus grande de ces lignes
sera moindre que la somme des deux autres. Pour fixer les
idées, soit D la plus grande des lignes données ; nous avons
par hypothèse,

$$D < R + r;$$

et comme la ligne D est plus grande que R et r, à plus forte
raison, nous avons aussi,

$$D + r > R.$$

Retranchant r des deux membres de cette dernière inégalité, elle devient

$$D > R - r.$$

Par conséquent, les circonférences décrites, des extrémités de la ligne $OO' = d$ avec les rayons R et r, se rencon-
19. treront toujours en deux points. Donc, en joignant avec
O et O', l'un quelconque des deux points d'intersection,
on formera un triangle, ayant ses trois côtés respectivement
égaux à D, R, r. Ainsi, pour qu'on puisse construire un
triangle avec trois lignes données, *il faut et il suffit que la
plus grande de ces lignes soit moindre que la somme des
deux autres.*

PROBLÈME.

25. *Étant donnés, deux côtés A et B d'un triangle,
avec l'angle C qu'ils comprennent, construire le triangle.*

Fig. 89. Je trace une ligne indéfinie DY, et sur cette ligne, je
prends la partie DE, égale à l'un quelconque A des côtés
donnés. Au point D, je tire la ligne indéfinie DX, qui fasse

avec DE, l'angle D= l'angle ; C sur DX, je prends DF=B ;
je joins le point F au point E , et le triangle DFE sera le
triangle demandé, car il satisfait à l'énoncé du problème.
Tout autre triangle, construit avec les côtés A, B, et l'angle
compris C, sera égal au triangle DFE.

4.

PROBLÈME.

24. *Etant donnés; un côté, et deux angles d'un triangle, construire le triangle.*

Deux cas pourront se présenter; ou les deux angles
seront adjacents au côté donné; ou l'un sera adjacent,
l'autre opposé.

1er *cas.* Soit A le côté donné. Soient aussi B et C les
angles donnés , qui doivent être adjacents au côté A. Je
trace une ligne indéfinie DX, et sur cette ligne, je prends
DE=A. Au point D, je tire la ligne indéfinie DY, qui fasse
avec DE , un angle égal à l'un quelconque B des angles
donnés ; au point E, je tire pareillement la ligne EZ , qui
fasse avec DE un angle égal à C ; je prolonge EZ jusqu'à sa
rencontre en F avec DY, et le triangle DFE sera le triangle
demandé, car il satisfait à l'énoncé du problème. Tout autre
triangle construit avec le côté A , et les deux angles adjacents B et C, sera égal au triangle DFE.

Fig. 90.

2° *cas.* Soient toujours A , B et C, le côté et les angles
donnés ; et supposons, pour fixer les idées, que l'angle B
soit adjacent au côté A. Pour construire le triangle, je tire
une ligne indéfinie DY, sur laquelle je prends DE=A ;
à l'une des extrémités D de DE, je fais l'angle EDX=B ; en
un point quelconque h de DX, je construis l'angle Dhg=C,
et par le point E, je tire EF parallèle à gh. Le triangle DFE
sera le triangle demandé. En effet, le côté DE=A ; l'angle
D, qui est égal à l'angle B, est adjacent au côté DE; de plus,
les angles DFE, Dhg, sont égaux comme étant correspondants; mais par construction, l'angle Dhg=C; donc aussi
DFE=C, et cet angle est opposé au côté DE. Tout autre

Fig. 91.

triangle, construit avec le côté A, et les angles B et C dont l'un adjacent à A, sera égal au triangle DFE.

PROBLÈME.

25. *Étant donnés ; deux côtés a et b d'un triangle, avec l'angle A opposé à l'un d'eux a , construire le triangle.*

Deux cas pourront se présenter. L'angle A sera aigu , et $a < b$; ou bien A sera aigu, droit, ou obtus, mais $a > b$.

1er *cas.* Je suppose que l'angle A soit aigu , et que a soit $< b$.

Fig. 92.   Je trace une ligne indéfinie CX. Du point C , je tire la ligne CY, qui fasse avec CX l'angle C=l'angle A ; sur CY, je prends CD=b, et du point D pris pour centre, avec a pour rayon, je décris un arc de cercle qui coupera généralement CX en deux points E, F, situés à droite de C ; je tire les lignes DE, DF, et les triangles CDE, CDF, répondront à l'énoncé du problème, car chacun d'eux renferme un côté CD=b, un côté DE et DF égal au côté a, et un angle C=A, lequel est opposé, dans chacun des triangles , au côté égal au côté donné a.

Pour que le problème soit possible, il faut et il suffit que la circonférence décrite du point D, avec a pour rayon rencontre CX ; or, cette rencontre aura lieu si a est=ou$>$ DP, DP étant la perpendiculaire abaissée du point D sur CX.

V. 20.   Je suppose d'abord a=DP. Dans ce cas, la circonférence décrite du point D , rencontrant CX en un point unique P, le seul triangle rectangle CDP satisfera à la question.

V. 19.   Soit maintenant $a > $DP. La circonférence décrite du point D, avec a pour rayon , rencontrera nécessairement CX en deux points, situés à droite et à gauche de P, et à *V. 5, 1er cas.* égale distance du point P ; j'appelle E celui de ces deux points d'intersection qui est placé à droite de P ; comme par hypothèse, l'oblique DE est $<$DC, la distance PE sera moindre que CP; donc le second point de rencontre de la circonférence décrite du point D, et de la ligne CX , sera situé entre le point C et le point P, en un point F qu'on déterminera en prenant PF=PE. Ainsi , lorsque a est moindre que b, mais plus grand que DP, le problème admet deux solutions.

Scholie. Dans le cas qui vient d'être examiné , nous avons supposé l'angle A aigu, par la raison que si cet angle était droit ou obtus, le problème serait impossible.

2° *cas*. Je trace toujours une ligne indéfinie CX, et par le point C, je tire CY, qui fasse avec CX l'angle C=l'angle donné A. Sur CY, je prends CD=b, et du point D, pris pour centre, avec a pour rayon, je décris un arc de cercle qui rencontrera CX à droite de C , en un point unique E. Je joins le point D avec le point E, et le seul triangle CDE répondra à l'énoncé du problème.

Dans le cas que nous examinons , le problème sera toujours possible, car en abaissant du point D sur CX , la perpendiculaire DP, nous aurons DC ou $b>$DP ; mais , par hypothèse, a est $>b$; donc, à plus forte raison, a est$>$DP. Ainsi , la circonférence décrite du point D , avec a pour rayon, rencontrera CX en deux points placés à droite et à gauche de P, et à égale distance de ce point. Soit E celui de ces deux points qui est situé à droite de P ; comme par hypothèse l'oblique DE est $>$ DC , PE est aussi $>$ PC ; par suite, le second point d'intersection tombera à gauche de C, et le triangle unique CDE, satisfera à l'énoncé du problème.

Scholie. La fig. 93 , suppose que l'angle A est aigu. Si cet angle était droit ou obtus, les constructions seraient les mêmes, et l'on verrait sans peine, qu'un seul triangle satisfait encore à la question.

PROBLÈME.

26. *Deux angles* A *et* B *d'un triangle étant donnés, trouver le troisième angle.*

13.

Fig. 93.

Fig. 94.

Nommons Z l'angle cherché ; cet angle devra satisfaire à la relation

3.

$$A+B+Z=2K,$$

K désignant toujours la mesure de l'angle droit. Pour déterminer Z, je trace une ligne indéfinie CX ; en un point quelconque D de cette ligne, je construis les angles consécutifs, CDE, EDF, respectivement égaux aux angles donnés A et B ; le troisième angle FDX, sera l'angle demandé, puisqu'on a la relation

IV. 6. cor. 1.

$$A+B+FDX=2K.$$

Ainsi l'angle Z=FDX.

PROBLÈME.

27. *Par un point donné, mener une tangente à un cercle donné.*

Deux cas pourront se présenter : ou le point donné sera situé sur le cercle, ou il sera extérieur au cercle.

1° Le point donné étant sur le cercle, on joindra ce point avec le centre par un rayon, puis on mènera une perpendiculaire à l'extrémité de ce rayon ; cette perpendiculaire sera la tangente demandée.

V. 20.

2° Soit O la circonférence, et A le point par lequel il faut mener une tangente à cette circonférence. Je joins le point A avec le centre O du cercle donné, et je partage AO en deux parties égales. Du milieu M de la droite AO, et avec AO pour rayon, je décris une circonférence qui passera par les points O et A, et qui rencontrera nécessairement la première en deux points C et D. Je joins avec le point A, les points C et D, et je dis que les lignes AC, AD, seront tangentes à la circonférence O. En tirant les rayons OC, OD, on forme les angles ACO, ADO, qui sont inscrits, chacun, dans une demi-circonférence, à savoir : le premier dans la demi-circonférence OCA ; le deuxième dans la demi-circonférence ODA. Donc les angles ACO, ADO, sont

Fig. 95.

19.

VI. 20. cor 1.

droits, et les lignes AC, AD, sont tangentes à la circonférence O, comme étant respectivement perpendiculaires aux extrémités C et D, des rayons OC, OD. Ainsi d'un point pris hors du cercle, on peut toujours mener deux tangentes à ce cercle.

Scholie. Les triangles rectangles AOC, AOD, ayant deux côtés égaux chacun à chacun, sont égaux. Donc aussi les tangentes AC, AD sont égales.

PROBLÈME.

28. *Inscrire un cercle dans un triangle donné.*

Soit BAC, le triangle dans lequel on veut inscrire un cercle. Je partage en deux parties égales les angles B et C par les lignes BO, CO, qui se rencontrent en O ; du point O, j'abaisse sur les trois côtés du triangle les perpendiculaires OP, OR, OS, et je dis que ces trois perpendiculaires seront égales. En effet, l'angle OBS du triangle rectangle BSO, est égal, par construction, à l'angle OBP du triangle rectangle BPO ; de plus, ces triangles ont même hypothénuse BO ; donc ils sont égaux, et, par suite, OP=OS ; par la même raison OP=OR ; donc les trois perpendiculaires OP, OR, OS sont égales. Alors, en décrivant une circonférence, du point O pris pour centre, et avec l'une OP de ces perpendiculaires pour rayon, cette circonférence passera par les trois points P, R, S, où les trois côtés du triangle lui seront tangents.

Corollaire. Les lignes qui partagent en deux parties égales les trois angles d'un triangle, vont concourir au même point.

Je joins le point A avec le point O. Je forme ainsi deux triangles rectangles AOR, AOS, qui sont égaux, comme ayant deux côtés égaux chacun à chacun ; donc les angles OAR, OAS sont égaux comme étant opposés aux côtés égaux OR, OS. Donc, etc.

12

29. *Énoncés de questions à résoudre.*

I. Connaissant l'hypothénuse d'un triangle rectangle, la somme, ou la différence des deux autres côtés, construire ce triangle.

II. Construire un triangle, connaissant un côté, l'angle opposé, et la somme ou la différence des côtés qui comprennent cet angle.

III. Tirer une ligne qui partage en deux parties égales, l'angle de deux droites qui ne se rencontrent pas, dans la portion de plan où elles sont tracées.

IV. Un cercle et une droite étant donnés; on propose de mener au cercle une tangente qui soit, 1° perpendiculaire, 2° parallèle à la droite donnée.

V. Décrire un cercle qui soit tangent à une droite donnée en un point donné, et qui passe par un autre point aussi donné.

VI. Décrire un cercle qui soit tangent à un cercle donné en un point donné, et qui passe par un point aussi donné

VII. Décrire avec un rayon donné, un cercle tangent à deux cercles donnés.

CHAPITRE VIII.

*Quadrilatères en général : Trapèze. — Parallélogram-
me. — Losange. — Rectangle. — Carré.*

1. *Un quadrilatère est une portion de plan, que quatre lignes droites enveloppent de toutes parts.*

Dans un quadrilatère, on nomme *diagonale*, la ligne qui joint les sommets de deux angles non adjacents.

Parmi les *quadrilatères*, on distingue :

1° le *trapèze*, dont deux côtés opposés sont parallèles ;

2° Le *parallélogramme*, dont les côtés opposés sont parallèles ;

83

3° Le *losange*, dont les côtés sont tous égaux , sans que les angles soient droits.

4° Le *rectangle*, dont tous les angles sont droits, sans que les côtés soient tous égaux ;

5° Le *carré*, dont les angles sont droits, et dont les côtés sont tous égaux ;

Le *rectangle* et le *carré*, sont des parallélogrammes. VI. 1.

THÉORÈME.

2. *Les côtés opposés d'un parallélogramme sont égaux, ainsi que les angles opposés.*

Dans le parallélogramme quelconque ABCD , je tire la diagonale AD, et je compare les triangles ADB, ADC. Dans ces triangles , les angles marqués (1) sont égaux , comme étant alternes internes ; les angles marqués (2) sont égaux par la même raison , et comme les deux triangles ont le côté AD commun , ils sont égaux. Mais , dans deux triangles égaux , les côtés égaux et les angles égaux sont opposés à des angles et à des côtés égaux ; donc

$$AB=CD, AC=BD, ABD=ACD.$$

Quant aux angles BAC, BDC, ils sont aussi égaux, comme étant formés de deux angles égaux chacun à chacun.

1er *corollaire. Deux parallèles* AC , BD , *comprises entre deux autres parallèles* AB, CD, *sont égales.*

2° *corollaire. Tous les points d'une droite sont également distants de sa parallèle.*

Je prends sur la droite donnée AB, deux points, quelconques A et B, et de ces points j'abaisse sur CD parallèle à AB , les perpendiculaires AC , BD. Ces deux perpendiculaires sont parallèles. Donc , en vertu du corollaire précédent , elles sont égales.   C. Q. F. D.

Scholie. Comme les lignes AC, BD, sont aussi perpendiculaires sur AB, il en résulte que la distance à la droite AB, de chacun des points de CD, est la même que la distance à

Fig. 97.

VII. 5.

Fig. 98.

VI. 1.

VI. 3. cor. 2.

la droite CD, de chacun des points de AB. On énonce ordinairement cette propriété en disant : *que deux parallèles sont partout également distantes.*

THÉORÈME.

3. *Si les côtés opposés d'un quadrilatère sont égaux, ce quadrilatère sera un parallélogramme.*

Fig. 97. Dans le quadrilatère ABCD, je suppose

$$AC = BD, \quad AB = CD,$$

et je dis que les côtés AC, BD, seront parallèles, ainsi que AB et CD. Je tire la diagonale AD, et je compare les triangles ADB, ADC. Ces triangles ont un côté commun AD; de plus AB et CD sont égaux par hypothèse, ainsi que AC et BD; donc les triangles comparés sont égaux, comme ayant leurs trois côtés égaux chacun à chacun. Mais dans deux triangles égaux, les angles opposés aux côtés égaux sont égaux; donc, les angles marqués (1) sont égaux, ainsi que ceux marqués (2). Mais ces angles ont la position des angles alternes internes, par rapport aux droites AC, BD, et aux VI. 8. sch. droites AB, CD; donc, les droites AC, BD sont parallèles ainsi que les droites AB et CD.   C. Q. F. D.

Corollaire. Tout *losange* est un parallélogramme.

THÉORÈME.

4. *Si deux côtés opposés* AB, CD, *d'un quadrilatère* ABCD, *sont égaux et parallèles, les deux autres côtés seront pareillement égaux et parallèles, et le quadrilatère sera un parallélogramme.*

Fig. 97.

Tirant la diagonale AD, je détermine deux triangles ADB, ADC, qui sont égaux. En effet, AD est commun à ces deux triangles; par hypothèse AB=CD, et de plus les angles marqués (2) sont égaux comme étant alternes internes. Les triangles comparés sont donc égaux, comme ayant un angle égal compris entre deux côtés égaux chacun à chacun ; il suit de là que les angles marqués (1) sont égaux, comme étant respectivement opposés aux côtés égaux AB , CD. Mais ces angles occupent la position des angles alternes, par rapport aux droites AC, BD; donc, les droites AC, BD, sont parallèles, et la figure ABCD est un parallélogramme.   C. Q. F. D.

THÉORÈME.

5. *Dans tout parallélogramme, les diagonales se coupent mutuellement en deux parties égales.*

Dans le parallélogramme quelconque ABCD , je tire les diagonales AD, BC, et je dis qu'on aura

$$AO = DO , \quad CO = BO.$$

Dans les triangles AOC, BOD, les angles marqués (1) sont égaux, comme étant alternes internes ; les angles marqués (2) sont égaux par la même raison ; et comme le côté AC est égal au côté BD , les triangles comparés sont égaux. Donc

$$AO = DO, \quad CO = BO. \quad C. Q. F. D.$$

Corollaire. Les diagonales AD, BC *d'un losange* ABCD, *se coupent, non-seulement en parties égales, mais encore à angles droits.*

D'abord, les diagonales AD , BC, se coupent mutuellement en deux parties égales , puisque le losange est un parallélogramme ; je dis de plus , que AD est perpendiculaire sur BC. En effet , le triangle BAC , est un triangle isocèle , et comme la ligne AD va passer par le milieu O de la base BC de ce triangle , il en résulte qu'elle est perpendiculaire sur cette base.   C. Q. F. D.

6. *Enoncés de questions à résoudre.*

I. Construire un parallélogramme , connaissant deux côtés et l'angle compris.

II. Construire un losange, connaissant les deux diagonales.

III. Si les diagonales d'un quadrilatère se coupent mutuellement en deux parties égales, ce quadrilatère sera un
parallélogramme.

IV. Les diagonales d'un rectangle sont égales.

V. Les diagonales d'un trapèze sont égales, quand les
angles à la base de ce trapèze sont égaux.

VI. Mener une tangente commune à deux cercles.

CHAPITRE IX.

*Polygones, et leur décomposition en triangles. — Poly-
gones réguliers en général; faire voir qu'ils sont
inscriptibles, et circonscriptibles au cercle. — Cas
particulier du carré, de l'hexagone et du triangle
équilatéral. — Doubler le nombre des côtés d'un polygone régulier, inscrit et circonscrit.*

1. *On nomme figure plane, une portion de plan terminée de toutes parts par des lignes.*

Si les lignes qui forment le contour de la figure plane sont
droites, cette figure se nomme figure *rectiligne*, ou *polygone*. Le *triangle* et le *quadrilatère*, sont des polygones
de *trois* et de *quatre* côtés. Le triangle est évidemment
le plus simple des polygones.

L'ensemble des lignes qui enveloppent une figure plane,
est le *contour* ou *périmètre* de cette figure.

Un polygone qui a ses côtés égaux et ses angles égaux,
est un polygone *régulier*.

Les polygones sont ordinairement classés par le nombre
de leurs côtés. Ainsi, après le triangle et le quadrilatère,
viennent :

Le *pentagone*, ou polygone de *cinq* côtés.

L'*hexagone*. . . . . . . *six* »
L'*heptagone*. . . . . . *sept* »
L'*octogone* . . . . . . *huit* »
L'*ennéagone* . . . . . *neuf* »
Le *décagone* . . . . . *dix* »
L'*endécagone* . . . . . *onze* »
Le *dodécagone* . . . . *douze* »

Au-delà de douze côtés, les polygones ne reçoivent plus de noms particuliers, excepté celui de *quinze* côtés, que l'on nomme *pentédécagone*. Les autres se désignent simplement par l'énonciation du nombre de leurs côtés.

Un polygone est dit *convexe*, lorsque son périmètre ne peut être rencontré, en plus de deux points, par une ligne droite, différente de chacun des côtés de ce polygone.

On nomme aussi *ligne convexe*, toute ligne courbe ou brisée, qui jouit d'une propriété semblable.

La *diagonale* d'un polygone, est la ligne qui joint les sommets de deux angles non adjacents.

Lorsque tous les sommets d'un polygone sont placés sur la circonférence d'un cercle, on dit que le polygone est *inscrit* dans ce cercle. En même temps le cercle est dit *circonscrit* au polygone.

Un polygone est *circonscrit* à un cercle, lorsque tous les côtés de ce polygone sont des tangentes à la circonférence de ce cercle. Dans le même cas, on dit que le cercle est *inscrit* dans le polygone.

(Nota.) Il ne sera question dans ce traité, que de polygones *convexes*.

THÉORÈME.

2. *La somme des angles intérieurs d'un polygone, est égale à autant de fois deux angles droits, que ce polygone renferme de côtés, moins deux.*

Soit ABCDEF, un polygone composé de tant de côtés   Fig. 101.

qu'on voudra. Je tire par un sommet quelconque A de ce polygone, des diagonales AC, AD, AE... à tous les sommets non-adjacents au sommet A. Je décompose ainsi le polygone en triangles, et je remarque qu'à l'exception des triangles extrêmes ABC, AFE, qui prennent chacun deux côtés du polygone, tous les autres, tels que ACD, ADE,... n'en prennent qu'un seul. Donc, le polygone se trouvera décomposé en autant de triangles qu'il renferme de côtés moins deux. Mais il est évident que la somme des angles des triangles ne diffère pas de la somme des angles du polygone; et comme la somme des angles de chaque triangle est égale à deux angles droits, il s'ensuit que la somme des angles intérieurs du polygone, vaut autant de fois deux angles droits que ce polygone renferme de côtés moins deux.   C. Q. F. D.

Corollaire. La somme des angles d'un quadrilatère est égale à quatre angles droits; celle d'un pentagone est égale à six angles droits, etc.

THÉORÈME.

3. *Deux polygones de n côtés sont égaux, lorsqu'ils ont (n—1) côtés consécutifs, pris dans le même ordre, égaux chacun à chacun, ainsi que les (n—2) angles compris entre ces côtés.*

Fig. 102.   Soient ABCDEF, A′B′C′D′E′F′, deux polygones dans lesquels je suppose

$$AB = A'B', \quad BC = B'C', \quad AF = A'F', \quad FE = F'E', \quad ED = E'D',$$

et de plus

$$A = A', \quad B = B', \quad F = F', \quad E = E'.$$

Pour démontrer que ces polygones sont égaux, je fais glisser le polygone A′B′C′D′E′F′ sur l'autre; j'amène le point A′ au point A. et je fais prendre à A′B′ la direction AB; A′B′ étant par hypothèse égal à AB, le point B′ tombera

en B ; et comme l'angle B' est égal à l'angle B, le côté B'C'
prendra la direction BC ; en même temps, le point C' tombera en C, à cause que B'C'=BC. L'angle A' étant aussi
égal à A , A'F' prendra la direction AF, et F' tombera
en F. Par la même raison , F'E' et E'D' coïncideront
parfaitement avec FE et ED ; et, comme alors , les extrémités D', C', du côté D'C', tomberont sur les extrémités
D et C du côté DC, D'C' se confondra avec DC, et les polygones, se recouvrant parfaitement, seront égaux. C. Q. F.D.

Corollaire. De la coïncidence des deux polygones, on
conclut

$$CD=C'D', \ C=C', \ D=D'.$$

THÉORÈME.

4. *Deux polygones de n côtés sont égaux, lorsqu'ils
ont leurs n cotés, pris dans le même ordre, égaux chacun
à chacun, ainsi que* $(n-3)$ *angles consécutifs compris
entre des côtés égaux.*

Je considère les polygones ABCDEFG, A'B'C'D'E'F'G', Fig. 103.
dans lesquels je suppose
AB=A'B', BC=B'C', CD=C'D', DE=D'E', EF=E'F', etc.
et de plus ,

$$A=A', \ B=B', \ G=G', \ F=F'.$$

Je tire les diagonales CE, C'E', et j'observe que les polygones, ABCEFG, A'B'C'E'F'G' sont égaux. Je fais 3.
glisser maintenant le polygone A'B'C'D'E'F'G' sur l'autre
et j'applique l'angle A' sur son égal A ; alors , les figures
égales ABCEFG, A'B'C'E'F'G' coïncideront parfaitement. Mais les triangles CDE , C'D'E' sont égaux comme
ayant leurs trois côtés égaux chacun à chacun , à savoir
CD=C'D', DE=D'E', par hypothèse ; et, CE=C'E' à
cause de l'égalité des polygones ABCEFG, A'B'C'E'F'G'.
Donc, à l'instant où ces derniers polygones se recouvriront
parfaitement, la même chose aura lieu pour les triangles

13

égaux CDE , C′D′E′ ; donc , les polygones ABCDEFG , A′B′C′D′E′F′G′ coïncideront parfaitement.   C. Q. F. D.

Corollaire. Deux parallélogrammes sont égaux, lorsqu'ils ont un angle égal compris entre deux côtés égaux chacun à chacun.

Car les deux parallélogrammes, ayant deux côtés égaux, chacun, ont aussi leurs deux autres côtés égaux chacun à chacun ; partant, ces parallélogrammes sont égaux.

VIII. 2.

THÉORÈME.

5. *Deux polygones de n côtés sont égaux lorsqu'ils ont ont (n—2) côtés consécutifs , pris dans le même ordre , égaux chacun à chacun, ainsi que les angles qu'ils font entr'eux, et avec les deux autres côtés.*

On s'assurera sans peine que les deux polygones, superposés, coïncident parfaitement.

THÉORÈME.

6. *Si l'on partage une circonférence en plusieurs parties égales , et qu'on joigne par des cordes les divisions consécutives , le polygone formé par l'ensemble de ces cordes, sera un polygone régulier inscrit.*

Fig. 104.

Je suppose la circonférence O partagée en un nombre quelconque de parties égales. Je tire les cordes AB, BC, CD etc. , et je dis que le polygone ABCD... sera régulier. D'abord, les côtés AB, BC, CD... de ce polygone sont égaux comme cordes soustendant des arcs égaux ; les angles A, B, C, D... sont aussi égaux , car ces angles interceptent entre leurs côtés un même nombre de divisions égales de la circonférence ; donc le polygone ABCD.... est régulier. C. Q. F. D.

VI. 20.

Corollaire. Pour inscrire dans une circonférence donnée un polygone régulier d'un nombre donné *n* de côtés, il suffira de partager cette circonférence en *n* parties égales.

THÉORÈME.

7. *Si par chacun des points de division d'une circonférence partagée en parties égales on mène des tangentes à cette circonférence; ces tangentes, en se coupant deux à deux, formeront un polygone régulier circonscrit.*

Soient a, b, c, d, e, f les points de division d'une circon- Fig. 105.
férence partagée en un nombre quelconque de parties
égales. Par chaque point de division, je mène une tangente
à la circonférence, et je dis que le polygone ABCDEF,
formé par les intersections successives de ces tangentes,
sera un polygone régulier.

Je tire les cordes ab, bc, cd, de, etc., qui sont égales,
comme soustendant des arcs égaux. Mais les triangles aBb,
bCc, cDd, etc., sont tous égaux, comme ayant un côté
égal adjacent à deux angles égaux chacun à chacun, à
savoir : $ab=bc=cd=$etc. ; de plus, les angles de ces
triangles ayant leurs sommets en a, b, c, d, etc., sont tous
égaux, comme ayant chacun pour mesure la moitié d'une
division de la circonférence ; donc   VI. 21.

$$Ba=Bb=Cb=Cc=\text{etc.}$$

Donc aussi

$$AB=BC=CD=DE=\text{etc.}$$

Mais à cause de l'égalité des triangles,

$$A=B=C=D=E=\text{etc.}$$

Donc, le polygone ABCDEF est régulier.   C. Q. F. D.

THÉORÈME.

8. *Tout polygone régulier peut être inscrit dans le
cercle, et peut lui être circonscrit.*

1° Soit ABCDEF un polygone régulier quelconque. Je Fig. 106.
fais passer une circonférence par trois sommets consé-   VII. 15.
cutifs A, B, C, et je dis que cette circonférence passera par
le sommet suivant D. Soit O le centre du cercle qui passe

par les trois points A, B, C ; je tire les lignes OA, OB, OC, OD, et je compare les triangles AOB, COD. Comme le polygone que nous considérons est régulier, nous avons d'abord

$$ABC = BCD;$$ mais le triangle isocèle

VII. 11.   BOC, donne aussi

$$OBC = OCB.$$

Retranchant ces deux égalités membre à membre, et observant que ABC—OBC=ABO, et que BCD—OCB=DCO, il vient

$$ABO = DCO.$$

Or, les côtés AB, CD sont égaux, comme côtés d'un polygone régulier ; et comme aussi OB=OC, il en résulte que

VII. 4.   les triangles comparés sont égaux ; par suite,

$$OA = OD.$$

Donc, la circonférence qui passe par les trois points A, B, C, passe aussi par le point D ; passant par les sommets consécutifs B, C, D, elle passera aussi par le sommet suivant E, et ainsi de suite ; donc, elle passera par tous les sommets du polygone régulier donné.   C. Q. F. D.

2° Du centre O, j'abaisse sur les divers côtés du polygone, les perpendiculaires OP, OR, OS, etc. Comme dans un

V. 17.   cercle, les cordes égales sont également éloignées du centre, il en résulte que ces perpendiculaires sont égales. Donc, en décrivant une circonférence du point O, avec OP pour rayon, cette circonférence passera par les points P, R, S, etc., où les divers côtés du polygone lui seront tangents.

Scholie. Le point O, centre du cercle inscrit et circonscrit, est aussi nommé *centre du polygone.*

PROBLÈME.

9. *Inscrire un carré dans une circonférence donnée.*

Fig. 107.   Par le centre O du cercle donné, je trace deux diamètres AC, BD qui se coupent à angles droits. Je tire les cordes

AB, BC, CD, AD, et je dis que le quadrilatère ABCD sera un carré. Comme ce quadrilatère est régulier, les quatre côtés AB, BC, etc., sont égaux ; et comme les quatre angles sont aussi égaux, il en résulte que chacun d'eux est droit. Donc, etc.

6.

PROBLÈME.

10. *Inscrire un hexagone régulier dans une circonférence donnée.*

Supposons le problème résolu, et soit AB le côté de l'hexagone. Je joins avec le centre O, les point A et B, et je forme un triangle AOB qui est isocèle, car OA$=$OB ; mais, dans un triangle isocèle, les angles opposés aux côtés égaux sont égaux ; donc, OAB$=$OBA. Concevons maintenant le point O, joint avec chacun des sommets de l'hexagone ; nous aurons ainsi autour du point O, six angles consécutifs égaux entr'eux ; et comme la somme de ces six angles est égale à quatre droits, il s'ensuit que l'angle O est le $\frac{1}{6}$ de 4 droits ; donc, en prenant l'angle droit pour unité, nous aurons

Fig. 108.

VII. 11.

IV. 6. cor. 2.

$$O = \tfrac{4}{6} = \tfrac{2}{3}.$$

L'angle O valant $\frac{2}{3}$, la somme OAB$+$OBA des deux autres, est égale à $\frac{4}{3}$; et, comme les angles OAB, OBA sont égaux, il en résulte que chacun d'eux vaut $\frac{2}{3}$. Le triangle AOB est donc équilatéral, et le côté AB de l'hexagone égal au rayon du cercle. Par conséquent, pour inscrire l'hexagone régulier, il suffira de porter six fois le rayon sur la circonférence.

Corollaire. L'hexagone régulier étant inscrit, si l'on joint les sommets des angles, alternativement, on formera un triangle CAE, qui sera équilatéral.

PROBLÈME.

11. *Doubler le nombre des côtés d'un polygone régulier inscrit et circonscrit.*

1° Un polygone régulier étant inscrit, si l'on partage en

V. 25. deux parties égales, l'arc soustendu par chacun des côtés de ce polygone, et qu'on trace les cordes des nouvelles divisions de la circonférence, on formera un polygone régulier qui renfermera deux fois autant de côtés que le premier.

2° Pour doubler le nombre des côtés d'un polygone régulier circonscrit, on partagera en deux parties égales les arcs égaux, compris entre les points de contact des divers côtés de ce polygone régulier, et l'on mènera ensuite des tangentes par les nouveaux points de division de la circonférence ; ces tangentes, par leur intersection avec les côtés du polygone donné, produiront un polygone qui sera régulier, et qui aura deux fois autant de côtés que le polygone donné.

Scholie. Pour partager une circonférence en 360 parties égales, on la partagera d'abord en trois parties égales en inscrivant un triangle équilatéral. Par une suite d'essais, on partagera ensuite chaque arc en cinq parties égales, et aussi chaque nouvelle division en trois parties égales. La circonférence se trouvera de la sorte partagée en 45 parties égales. On doublera trois fois de suite le nombre de ces dernières divisions, et la circonférence se trouvera partagée de la manière demandée. La difficulté d'une semblable division provient de ce qu'il faut partager un arc en 3 et en 5 parties égales ; mais une telle opération n'appartient pas à la géométrie élémentaire.

CHAPITRE X.

Propriétés des droites, coupées par des séries de parallèles. — Quatrièmes proportionnelles. — Similitude des triangles. — Propriétés du triangle rectangle; incommensurabilité de la diagonale et du côté du carré. — Troisième et moyenne proportionnelle;

moyens de les construire. — Construction et usages des échelles. — Mesure des hauteurs, et des distances inaccessibles.

THÉORÈME.

1. *Si par chacun des points de division d'une droite partagée en parties égales, on mène des parallèles qui rencontrent une autre droite; la partie de celle-ci, comprise entre les parallèles extrêmes, sera partagée en autant de parties égales que la première.*

Deux cas pourront se présenter, ou la seconde droite sera parallèle à la première, ou elle ne le sera pas.

1° Soit AF une droite donnée, que je suppose, pour fixer les idées, partagée en cinq parties égales, et soit aussi XY une droite indéfinie, parallèle à AF. Par chacun des points de division de AF, je mène les parallèles A*a*, B*b*, C*c*, etc., et je dis que la partie *af* de XY, comprise entre les parallèles extrêmes A*a*, F*f*, se trouvera partagée en cinq parties égales. D'abord *af* se trouve partagée en cinq parties; il reste donc à faire voir que ces parties sont égales. Nous avons déjà vu que deux parallèles comprises entre deux autres parallèles sont égales. Par conséquent, on a les égalités

AB=*ab*, BC=*bc*, CD=*cd*, etc;

mais, par hypothèse, les lignes AB, BC, CD, etc., sont égales; donc, il en est de même des lignes *ab*, *bc*, *cd*, etc. C. Q. F. D.

Fig. 109.

2° Soient toujours AF et XY les deux lignes données; supposons que ces deux lignes ne soient pas parallèles, et admettons encore, que la ligne AF soit partagée en cinq parties égales. Ayant mené les parallèles A*a*, B*b*, C*c*, etc., par les différents points de division de AF, je dis que ces parallèles intercepteront sur XY des parties *ab*, *bc*, *cd*, etc., qui seront égales. Par les points *a*, *b*, *c*, etc., je

Fig. 110.

mène parallèlement à AF les lignes ap, bq, cr, etc., et je forme ainsi les triangles abp, bcq, cdr, etc., qui sont égaux. Pour le faire voir, considérons les deux triangles abp, bcq; dans ces triangles $ap=bq$, car ces deux lignes sont respectivement égales à AB et à BC; de plus les angles bap, cbq, sont égaux comme étant correspondants; et comme la même chose a lieu pour les angles abp, bcq, il s'ensuit que les triangles comparés sont égaux, comme ayant un côté égal, adjacent à deux angles égaux, chacun à chacun; par conséquent $ab=bc$. Par la même raison $bc=cd$; donc $ab=bc=cd$ et ainsi de suite. La ligne af, comprise entre les parallèles extrêmes Aa, Ff, se trouve donc partagée en autant de parties égales que AF. C.Q.F.D.

PROBLÈME.

Fig. 111.

2. *Partager une droite* AB, *en un certain nombre de parties égales.*

Je suppose qu'on veuille partager AB en cinq parties égales. Je tire par le point A, sous un angle quelconque, une ligne indéfinie AX, et sur cette ligne je porte, à partir du point A, cinq ouvertures de compas égales entr'elles. Je joins le dernier point de division C, avec le point B; par le point D, je mène DY parallèle à BC, et je dis que AY sera la 5° partie de AB. En effet, si par chacun des points de division de AC, on mène des parallèles à BC, la ligne AB se trouvera partagée en autant de parties égales que AC, c'est-à-dire en cinq parties égales; et comme AY est l'une de ces divisions, AY est la 5° partie de AB. Donc, en portant AY cinq fois sur AB, AB sera partagée de la manière demandée.

THÉORÈME.

Fig. 112.

5. *Dans tout triangle* BAC, *la ligne* DE *menée parallèlement à la base, divise les côtés proportionnellement.*

Concevons la ligne AD partagée en un nombre infini m, de parties égales infiniment petites; la ligne BD renfermera un nombre entier infini n de ces parties, et nous aurons, en nommant l la longueur de chacune d'elles ,

III. 2.

$$\mathrm{AD}=ml, \ \mathrm{BD}=nl.$$

Prenant le rapport de AD à BD , il vient

$$\frac{\mathrm{AD}}{\mathrm{BD}}=\frac{ml}{nl}=\frac{m}{n}.$$

Conduisons maintenant par chacun des points de division de AB , des parallèles à la base BC; la ligne AC se trouvera partagée en autant de parties égales que AB ; AE contiendra m et CE, n de ces parties. En nommant l' la longueur commune de ces nouvelles parties, nous aurons encore

$$\mathrm{AE}=ml', \ \mathrm{CE}=nl'.$$

Divisant AE par CE, il vient

$$\frac{\mathrm{AE}}{\mathrm{CE}}=\frac{ml'}{nl'}=\frac{m}{n}.$$

Mais nous avons vu plus haut que $\frac{\mathrm{AD}}{\mathrm{BD}}=\frac{m}{n}$; par conséquent

$$\frac{\mathrm{AD}}{\mathrm{BD}}=\frac{\mathrm{AE}}{\mathrm{CE}} \ \text{ou} \ \mathrm{AD} : \mathrm{BD} :: \mathrm{AE} : \mathrm{CE}. \quad \text{C. Q. F. D.}$$

1er *corollaire*. Si l'on change les moyens de place dans la proportion qui vient d'être démontrée, on aura aussi

$$\mathrm{AD} : \mathrm{AE} :: \mathrm{BD} : \mathrm{CE}.$$

2e *corollaire*. On sait que dans toute proportion, la somme des deux premiers termes est au second terme, comme la somme des deux derniers termes est au dernier terme; et aussi que la somme des deux premiers termes est au 1er terme, comme la somme des deux derniers termes est au 3e terme. Appliquant ces deux propriétés

14

à la proportion AD : BD::AE : CE, on obtient successivement

$$AD+BD : BD::AE+CE : CE$$

$$AD+BD : AD::AE+CE : AE.$$

Mais $\qquad AD+BD=AB$, et $AE+CE=AC$.

Donc, au lieu des proportions précédentes, on peut écrire

$$AB : BD::AC : CE$$

$$AB : AD::AC : AE.$$

3⁰ corollaire. Si l'on change les moyens de place dans ces deux dernières proportions, on aura aussi

$$AB : AC::BD : CE,$$

$$AB : AC::AD : AE.$$

THÉORÈME.

4. *Si entre les deux côtés* AB *et* AC *d'un triangle, on mène parallèlement à la base* BC *tant de lignes qu'on voudra, ces lignes diviseront proportionnellement les côtés* AB, AC, *de ce triangle.*

Fig. 113.

Pour fixer les idées, je mène parallèlement à BC les deux lignes EF, GH, et je dis qu'on aura

$$AE : AF::EG : FH::GB : HC.$$

Comme EF est parallèle à la base GH du triangle GAH, on a

$$AE : AF::EG : FH::AG : AH.$$

Mais le triangle BAC donne aussi

$$AG : AH::GB : HC.$$

Remplaçant dans la suite précédente de rapports égaux (AG : AH) par son égal (GB : HC), il vient

$$AE : AF::EG : FH::GB : HC. \qquad \text{C. Q. F. D.}$$

Scholie. La démonstration serait la même, si les lignes AB, AC, étaient coupées par un plus grand nombre de parallèles.

Corollaire. Si dans la suite précédente de rapports égaux, les antécédents AE, EG, GB, sont égaux, les conséquents AF, FH, HC, le seront aussi. Ce qui s'accorde avec le n° 1 de ce chapitre.

THÉORÈME.

5. *Réciproquement, si les côtés* AB, AC, *d'un triangle* BAC, *sont divisés proportionnellement par un ligne* DE, *cette ligne* DE *sera parallèle à la base* BC *de ce triangle.* — Fig. 114.

Si DE n'est pas parallèle à BC, menons DF parallèle à BC. En vertu du théorème précédent, le triangle BAC donnera

$$AD : BD :: AF : CF ;$$

mais par hypothèse AD : BD :: AE : CE ;

donc, à cause que ces deux proportions ont un rapport commun, on aura la nouvelle proportion

$$AF : AE :: CF : CE.$$

Mais AF est $>$ AE, et CF est $<$ CE ; le 1er rapport de la proportion précédente est donc plus grand, et l'autre moindre que l'unité ; cette proportion n'a donc pas lieu. Donc, il faut que DE soit parallèle à BC.   C. Q. F. D.

Scholie. Si l'on supposait

$$AB : BD :: AC : CE$$

ou $$AB : AD :: AC : AE,$$

on prouverait de la même manière que DE est parallèle à BC.

PROBLÈME.

6. *Trouver une quatrième proportionnelle à trois lignes données* A, B, C. — Fig. 115.

Ayant tiré sous un angle quelconque, deux lignes indéfinies DX, DY ; je prends sur l'une d'elles DX, et à partir du point D, Da=A, Db=B. Sur DY je prends aussi Dc=C, et par l'extrémité a de la ligne A, portée la 1re sur DX, je tire ac ; par le point b je mène bd parallèle à ac, et je dis que Dd sera la quatrième proportionnelle demandée. En effet, le triangle bDd donne

$$\text{D}a : \text{D}b :: \text{D}c : \text{D}d.$$

Mais par construction Da=A, Db=B, Cc=C, par conséquent

$$\text{A} : \text{B} :: \text{C} : \text{D}d. \qquad \text{C. Q. F. D.}$$

PROBLÈME.

7. *Trouver deux lignes dont le rapport soit le même, que le rapport du produit de plusieurs lignes données, au produit d'un nombre égal d'autres lignes aussi données.*

Fig. 116.

Pour fixer les idées, je suppose qu'on veuille obtenir en lignes, le rapport du produit ABC de trois lignes données A, B, C, au produit A′B′C′ de trois autres lignes A′, B′, C′, aussi données. Je cherche une quatrième proportionnelle X aux trois lignes A, A′, B′, j'obtiens ainsi la proportion

$$\text{A} : \text{A}' :: \text{B}' : \text{X}.$$

Je cherche pareillement une quatrième proportionelle Y, aux trois lignes B, B′, X, ce qui donne la nouvelle proportion

$$\text{B} : \text{B}' :: \text{X} : \text{Y}.$$

Enfin, je cherche une quatrième proportionnelle Z, aux trois lignes C, C′, Y, et j'ai

$$\text{C} : \text{C}' :: \text{Y} : \text{Z}.$$

Multipliant terme à terme, les proportions précédentes, il vient

$$\text{ABC} : \text{A}'\text{B}'\text{C}' :: \text{B}'\text{XY} : \text{XYZ}.$$

Supprimant XY, facteur commun, aux deux termes du dernier rapport de cette proportion, j'obtiens en définitive

$$ABC : A'B'C' :: B' : Z.$$

Les lignes B' et Z répondent donc à la question.

THÉORÈME.

8. *La ligne* AD, *qui partage en deux parties égales* Fig. 117. *l'angle* BAC *d'un triangle, divise la base* BC *en deux segments* CD, BD, *proportionnels aux côtés adjacents* AC, AB; *de sorte qu'on aura* AC : AB :: CD : BD.

Par le point B, je mène BR parallèle à AD, et j'ai la proportion

$$AC : AR :: CD : BD.$$ 3.

Mais à cause des parallèles AD, RB, et de la sécante CR, les angles marqués (1) sont égaux comme étant correspondants; à cause des mêmes parallèles et de la sécante AB, les angles marqués (2) sont aussi égaux, comme étant alternes internes. Donc, les angles (1) et (2) du triangle BAR sont égaux, comme étant respectivement égaux aux angles égaux (1) et (2), dans lesquels on a décomposé l'angle BAC. Le triangle BAR est donc isocèle, et par suite

$$AB = AR.$$

Remplaçant AR par AB dans la proportion ci-dessus, il vient

$$AC : AB :: CD : BD. \qquad C. Q. F. D.$$

9. Dans deux triangles qui ont leurs angles égaux, chacun à chacun, on nomme *côtés homologues, les côtés qui sont adjacents à des angles égaux*; ou, ce qui revient au même, *les côtés qui sont opposés à des angles égaux.*

Lorsque deux triangles sont tels, que les côtés de l'un sont *proportionnels*, ou sont en *proportion* avec les côtés de l'autre; on nomme angles *homologues*, les angles adjacents aux côtés proportionnels; ou, ce qui revient au même, les angles opposés aux côtés proportionnels.

Deux triangles sont semblables quand ils ont leurs angles égaux, chacun à chacun, et leurs côtés homologues proportionnels.

THÉORÈME.

10. *Deux triangles équiangles sont semblables.*

Fig. 118. Soient deux triangles BAC, B'A'C', dans lesquels je suppose

$$BAC = A', \quad B = B', \quad ACB = C';$$

je dis qu'on aura

$$AB : A'B' :: BC : B'C' :: AC : A'C'.$$

Je prolonge BC d'une quantité $CD = B'C'$, et aux points C et D, je construis les angles DCE et D, respectivement égaux aux angles B' et C'. Le triangle CED, sera égal au triangle B'A'C', et l'on aura

$$EC = A'B', \quad ED = A'C'.$$

Comme les angles B, DCE, sont tous deux égaux à l'angle B', il en résulte que ces angles sont égaux entr'eux ; par la même raison, l'angle ACD est égal à l'angle D. Donc, VI. 8. sch. les lignes BA et CE sont parallèles, ainsi que les lignes CA, DE. Ainsi, en prolongeant les lignes BA, DE, jusqu'à leur rencontre en R, on déterminera un parallélogramme ACER, et l'on aura

VIII. 2.
$$AR = CE, \quad AC = RE.$$

Je considère maintenant le triangle BRD. Comme AC est parallèle à RD, et CE à BR, j'aurai

3.
$$AB : AR :: BC : CD :: RE : DE.$$

Mais $\quad AR = CE$ et $RE = AC$;

donc $\quad AB : CE :: BC : CD :: AC : DE.$

Remplaçant dans cette dernière suite de rapports égaux, CE, CD, DE, par les côtés A'B', B'C', A'C', qui leur sont respectivement égaux, il vient en définitive

$$AB : A'B' :: BC : B'C' :: AC : A'C'. \quad \text{C. Q. F. D.}$$

1er *corollaire. Deux triangles sont semblables, quand ils ont deux angles égaux, chacun à chacun.*

2e *corollaire.* Si AB est *double* ou *triple*, etc., de A'B', les deux autres côtés BC, AC, seront ou le double ou le triple, etc., de leurs homologues B'C', A'C'.

THÉORÈME.

11. *Deux triangles sont semblables, quand les côtés de l'un sont proportionnels aux côtés de l'autre.*

Soient BAC, B'A'C', deux triangles tels, qu'on ait entre leurs côtés

Fig. 119.

$$AB : A'B' :: BC : B'C' :: AC : A'C'.$$

Je dis qu'on aura

$$A = A', \quad B = B', \quad C = C'.$$

Ayant tracé une ligne $bc = B'C'$, je construis au point b un angle b égal à B, et au point c, un angle c égal à C; je forme ainsi un triangle bac, semblable au triangle BAC, et la comparaison des côtés homologues, donne

10. cor. 1.

$$AB : ab :: BC :: bc : AC : ac.$$

Comparant cette suite de rapports égaux avec celle qui résulte de l'énoncé du théorème, et se rappelant que $bc = B'C'$, on conclut

$$ab = A'B', \quad ac = A'C'.$$

Les triangles B'A'C', bac, sont donc égaux, puisqu'ils ont leurs trois côtés égaux, chacun à chacun. Ces triangles étant égaux, les angles opposés aux côtés égaux sont égaux ; donc

$$A' = a, \quad B' = b, \quad C' = c.$$

Mais par construction A $= a$, B $= b$, C $= c$; donc aussi

$$A = A', \quad B = B', \quad C = C'. \qquad \text{C. Q. F. D.}$$

THÉORÈME.

12. *Deux triangles sont semblables, quand ils ont un angle égal, compris entre côtés proportionnels.*

Fig. 120.

Dans les triangles BAC, B'A'C', je suppose

$$A = A', \text{ et de plus } AB : A'B' :: AC : A'C';$$

cela étant, je dis qu'on aura

$$B = B', \quad C = C'.$$

Sur AB, je prends AE=A'B', et sur AC, je prends pareillement AF=A'C'; je tire EF, et le triangle EAF sera égal au triangle B'A'C'. Par conséquent, les angles AEF et B' seront égaux, ainsi que les angles AFE et C'. Remplaçant dans la proportion donnée AB : A'B' :: AC : A'C', A'B' et A'C', par leurs valeurs respectives AE, AF ; il vient

$$AB : AE :: AC : AF;$$

5. proportion qui démontre que EF est parallèle à BC. Donc, on a les égalités

VI. 8.
$$B = AEF = B' \text{ et } C = AFE = C'. \qquad \text{C. Q. F. D.}$$

THÉORÈME.

13. *Deux triangles sont semblables, quand ils ont les côtés parallèles chacun à chacun.*

Fig. 121.

VI. 9.

Je suppose AB parallèle à A'B', AC parallèle à A'C', et BC parallèle à B'C'. Les angles A et A' sont égaux, comme ayant les côtés parallèles et dirigés dans le même sens ; par la même raison, B=B' et C=C'. Donc, les deux triangles BAC, B'A'C', sont semblables. C. Q. F. D.

Scholie. Dans le cas de similitude qui vient d'être examiné, on peut remarquer que les côtés homologues, sont ceux qui sont parallèles.

THÉORÈME.

14. *Deux triangles sont semblables, quand ils ont les côtés perpendiculaires, chacun à chacun.*

Fig. 122.

Je suppose AB perpendiculaire à A'B', AC perpendiculaire à A'C', BC perpendiculaire à B'C' ; et je dis que les triangles BAC, B'A'C', sont semblables. Considérant les triangles rectangles CQR, C'QP, je remarque que l'angle

CQR est égal à l'angle C'QP ; donc aussi, l'angle C est égal à l'angle C'. En considérant les triangles rectangles BST, B'SR, on prouvera de la même manière que l'angle B est égal à l'angle B'; donc les triangles BAC, B'A'C', sont semblables.   C. Q. F. D.

10. Cor. 1.

Corollaire. Quand deux droites A'C', B'C', sont perpendiculaires sur deux autres droites AC, BC, les premières droites comprennent les mêmes angles que les deux autres.

Scholie. Dans le cas de similitude qui vient d'être examiné, on peut remarquer, que les côtés homologues sont ceux qui sont perpendiculaires.

THÉORÈME.

15. Si du sommet A de l'angle droit d'un triangle rectangle BAC, on abaisse sur l'hypothénuse BC, la perpendiculaire AP ;

Fig. 123.

1° *Les deux triangles partiels* BAP, CAP, *seront semblables au triangle total* BAC, *et par conséquent semblables entr'eux.*

2° *Chaque côté de l'angle droit* AB *ou* AC, *sera moyen proportionnel entre l'hypothénuse* BC *et le segment adjacent* BP *ou* CP.

3° *La perpendiculaire* AP *sera moyenne proportionnelle, entre les deux segments* BP, CP.

1° Comparant le triangle BAP au triangle BAC, je remarque que l'angle B appartient en même temps à ces deux triangles ; et comme l'angle droit BPA est égal à l'angle droit BAC, j'en conclus que le 3° angle BAP du petit triangle, est égal au 3° angle C du grand. Donc, ces triangles sont semblables. Par la même raison, le triangle CAP est semblable au triangle BAC. Donc aussi, les triangles partiels BAP, CAP, sont semblables entr'eux.   C. Q. F. D.

2° Comparant au triangle BAC, chacun des triangles

15

BAP, CAP, qui lui sont semblables, on obtient successivement

$$BP : AB :: AB : BC$$

$$CP : AC :: AC : BC. \qquad C.\ Q.\ F.\ D.$$

3° La comparaison des côtés homologues, dans les triangles semblables BAP, CAP, donne également

$$BP : AP :: AP : CP. \qquad C.\ Q.\ F.\ D.$$

Corollaire. Si d'un point quelconque M d'une demi-circonférence AMB, on abaisse sur le diamètre AB la perpendiculaire MP, et qu'on tire les cordes AM, BM;

1° *Chaque corde* AM *ou* BM, *sera moyenne proportionnelle entre le diamètre* AB *et le segment adjacent* AP *ou* BP.

2° *La perpendiculaire* MP, *sera moyenne proportionnelle entre les deux segments* AP, BP.

Cela résulte de ce que le triangle AMB est rectangle en M.

THÉORÈME.

16. *Le carré de l'hypothénuse d'un triangle rectangle, est égal à la somme des carrés des deux autres côtés.*

Soit BAC un triangle rectangle quelconque, je dis qu'on aura

$$\overline{BC}^2 = \overline{AB}^2 + \overline{AC}^2.$$

Du sommet A de l'angle droit, j'abaisse sur BC la perpendiculaire AP, et j'aurai, en vertu de ce qui vient d'être démontré dans la proposition précédente,

$$BP : AB :: AB : BC$$

$$CP : AC :: AC : BC.$$

Dans ces deux proportions, faisant le produit des extrêmes et celui des moyens, puis ajoutant membre à membre les égalités résultantes, il vient

$$BC.\,BP + BC.\,CP = \overline{AB}^2 + \overline{AC}^2.$$

Mais   BC. BP$+$BC. CP$=$BC (BP$+$CP)$=$BC. BC $= \overline{BC}^2.$
Donc

$$\overline{BC}^2 = \overline{AB}^2 + \overline{AC}^2. \qquad \text{C. Q. F. D.}$$

1er *corollaire.* Si l'on retranche alternativement $\overline{AB}^2$ et $\overline{AC}^2$ des deux membres de l'égalité précédente, on aura

$$\overline{BC}^2 - \overline{AB}^2 = \overline{AC}^2 \text{ et } \overline{BC}^2 - \overline{AC}^2 = \overline{AB}^2.$$

Ce qui fait voir que *le carré d'un quelconque des côtés de l'angle droit, est égal au carré de l'hypothénuse, diminué du carré de l'autre côté.*

2e *corollaire. La diagonale d'un carré, est incommensurable avec le côté de ce carré.*

Dans le carré quelconque ACBD, je tire la diagonale AB, Fig. 125. et j'aurai, à cause que le triangle ACB est rectangle,

$$\overline{AB}^2 = \overline{AC}^2 + \overline{BC}^2 = \overline{2AC}^2.$$

Divisant $\overline{AB}^2$ par $\overline{AC}^2$, il vient

$$\frac{\overline{AB}^2}{\overline{AC}^2} = 2.$$

Extrayant la racine carrée des deux membres de cette égalité, j'obtiens enfin

$$\frac{AB}{AC} = \sqrt{2}.$$

Mais $\sqrt{2}$ est un nombre incommensurable avec l'unité; donc aussi, AB est incommensurable avec AC. C. Q. F. D.   III. 3.

THÉORÈME.

17. *Réciproquement, si dans un triangle le carré d'un côté est égal à la somme des carrés des deux autres côtés, ce triangle sera rectangle.*

Fig. 126.

Dans le triangle BAC , je suppose

$$\overline{BC}^2 = \overline{AB}^2 + \overline{AC}^2 ;$$

et je dis que ce triangle sera rectangle en A. Au point A, j'élève sur BA une perpendiculaire AD=AC, et je tire BD. Le triangle BAD étant rectangle en A, on aura

$$\overline{BD}^2 = \overline{AB}^2 + \overline{AD}^2.$$

Mais $\overline{AB}^2 + \overline{AD}^2 = \overline{AB}^2 + \overline{AC}^2$; donc $\overline{BD}^2 = \overline{BC}^2$; d'où l'on tire BD=BC. Les triangles BAC, BAD, ont donc leurs trois côtés égaux, chacun à chacun, et sont égaux. Partant, l'angle BAC est égal à l'angle BAD. Mais ce dernier angle est droit par construction, BAC est donc aussi droit ; donc, le triangle BAC est rectangle.   C. Q. F. D.

THÉORÈME.

18. *Le rapport du côté du carré inscrit au rayon du cercle, est exprimé par* $\sqrt{2}$.

Fig. 107.

Le triangle rectangle AOB donne

$$\overline{AB}^2 = \overline{AO}^2 + \overline{BO}^2 = \overline{2AO}^2.$$

Prenant le rapport de $\overline{AB}^2$ à $\overline{AO}^2$, puis extrayant la racine carrée des deux membres de l'égalité résultante, il vient

$$\frac{AB}{AO} = \sqrt{2}.   \text{C. Q. F. D.}$$

THÉORÈME.

19. *Le rapport du côté du triangle équilatéral au rayon du cercle circonscrit, est exprimé par* $\sqrt{3}$.

Fig. 108.

Soit AC le côté du triangle équilatéral. Du centre O j'abaisse sur AC la perpendiculaire OB, qui partagera l'arc ABC en deux parties égales ; donc, en tirant la corde AB, cette ligne sera le côté de l'hexagone régulier, et l'on aura

AB$=$AO. Les triangles rectangles AHB, AHO, sont donc IX. 10. égaux, puisqu'ils ont deux côtés égaux chacun à chacun ; par suite BH$=$HO. Considérons maintenant le triangle rectangle ABH ; ce triangle donne

$$\overline{AB}^2 = \overline{AH}^2 + \overline{BH}^2.$$

Mais $\qquad$ AC$=$2AH, et BO$=$2HB, par conséquent

$$\overline{AC}^2 = 4\overline{AH}^2, \text{ et } \overline{BO}^2 = 4\overline{BH}^2.$$

Ajoutant ces deux égalités membre à membre, il vient

$$\overline{AC}^2 + \overline{BO}^2 = 4\overline{AH}^2 + 4\overline{BH}^2 = 4\,(\overline{AH}^2 + \overline{BH}^2);$$

remplaçant $\overline{AH}^2 + \overline{BH}^2$ par son égal $\overline{AB}^2$ ou $\overline{BO}^2$, j'obtiens

$$\overline{AC}^2 + \overline{BO}^2 = 4\overline{BO}^2.$$

Retranchant $\overline{BO}^2$ de part et d'autre, il reste

$$\overline{AC}^2 = 3\overline{BO}^2 ;$$

prenant le rapport de $\overline{AC}^2$ à $\overline{BO}^2$, puis extrayant la racine carrée des deux membres de l'égalité résultante, il vient

$$\frac{AC}{BO} = \sqrt{3}. \qquad \text{C. Q. F. D.}$$

PROBLÈME.

20. *Trouver une troisième proportionnelle à deux lignes données* A *et* B. $\qquad$ 127.

Ayant tiré la ligne indéfinie CX, je prends sur cette ligne CP$=$A. Au point P j'élève la perpendiculaire PM$=$B, je tire la droite CM, et au point M j'élève sur CM la perpendiculaire MD, que je prolonge jusqu'à sa rencontre en D avec CX, DP sera la troisième proportionnelle demandée, car on aura

CP : PM : : PM : DP ou A : B : : B : DP. $\qquad$ C. Q. F. D. $\qquad$ 15.

110

21. *Trouver une ligne qui soit moyenne proportion-*
nelle, entre deux lignes données A et B.

Fig. 128.

Ayant tiré la ligne indéfinie CX, je prends sur cette ligne
CP=A, DP=B. Sur CD, comme diamètre, je décris la
demi-circonférence CMD, et au point P j'élève la perpendiculaire PM, qui sera la moyenne proportionnelle demandée, car on aura

15. Cor.

$$CP : PM :: PM : DP \text{ ou } A : PM :: PM : B. \quad C. Q. F. D.$$

22. *Les parties de deux cordes qui se coupent dans un*
cercle, sont inversement proportionnelles.

Fig. 129.

Soient les deux cordes AB, CD, qui se coupent en R; je
dis qu'on aura

$$AR : CR :: DR : BR.$$

Ayant tiré les lignes AD, CB, j'observe que les angles A
et C sont égaux, comme ayant chacun pour mesure la
moitié du même arc BD; les angles D et B sont égaux par
la même raison; les angles ARD, BRC, sont égaux comme
opposés par le sommet; donc, les triangles ADR, CBR,
sont semblables, et la comparaison des côtés homologues
donne

$$AR : CR :: DR : BR. \quad C. Q. F. D.$$

23. *Si d'un point R, pris hors d'un cercle, on mène*
les sécantes RA, RB, terminées à l'arc concave; les sé-
cantes entières seront inversement proportionnelles à
leurs parties extérieures : c'est-à-dire qu'on aura

Fig. 130.

$$RA : RB :: RD : RC.$$

Je tire les cordes AD, BC, et je compare les triangles
RAD, RBC. L'angle R est commun à ces deux triangles;

les angles A et B sont égaux comme ayant pour mesure la moitié du même arc ; donc les triangles comparés sont semblables, et la comparaison des côtés homologues donne

$$RA : RB :: RD : RC. \quad C. Q. F. D.$$

10, cor. 1.

THÉORÈME.

24. *Si d'un point R pris hors d'un cercle, on mène une tangente RB, et une sécante RA terminée à l'arc concave, la tangente sera moyenne proportionnelle entre la sécante entière et sa partie extérieure.*

Fig. 131.

Je joins le point B avec les points A et C, et je compare les triangles BRA, BRC. L'angle R est commun à ces deux triangles ; l'angle A est égal à l'angle RBC, car tous deux ont pour mesure la moitié de l'arc BC ; donc ces deux triangles sont semblables, et la comparaison des côtés homologues donne

$$RA : RB :: RB : RC. \quad C. Q. F. D.$$

PROBLÈME.

25. *Partager une droite AB en deux parties, telles que l'une d'elles soit moyenne proportionnelle entre la ligne entière et l'autre partie.*

Fig. 132.

Au point B j'élève BO perpendiculaire sur AB ; je prends BO égale à $\frac{1}{2}$ AB, et du point O pris pour centre, avec OB pour rayon, je décris une circonférence qui sera tangente en B à la droite AB. Je tire maintenant la droite AO qui rencontre la circonférence en R ; sur AB je prends AC=AR, et je dis que la ligne AB sera partagée au point C de la manière demandée. En effet, prolongeant AO jusqu'à sa rencontre en S, on a

$$AS : AB :: AB : AR,$$

24.

d'où l'on tire, en retranchant chaque conséquent de son antécédent,

$$AS-AB : AB :: AB-AR : AR.$$

Mais le rayon de la circonférence étant égal à $\frac{1}{2}$ AB, RS $=$ AB; donc AS $-$ AB $=$ AR $=$ AC; et comme aussi AB $-$ AR $=$ AB $-$ AC $=$ BC, la proportion précédente devient

$$AC : AB :: BC : AC.$$

Mettant les extrêmes à la place des moyens, et réciproquement, il vient

$$AB : AC :: AC : BC. \qquad C.\,Q.\,F.\,D.$$

Scholie. En comparant le produit des extrêmes à celui des moyens dans la proportion précédente, on s'assurera sans peine que la moyenne proportionnelle AC est plus grande que BC.

Lorsqu'on partage une droite ainsi qu'on vient de le faire, on dit qu'on la partage *en moyenne et extrême raison*.

CONSTRUCTION DES ÉCHELLES.

26. Quand on lève le plan d'un terrain horizontal, on conçoit liés par des triangles les points remarquables qu'il renferme, et ces triangles on les rapporte sur le papier en construisant des triangles semblables, mais en réduisant leurs côtés à des proportions moindres d'après une loi convenue. Ainsi, on représente sur le papier, chaque mètre, ou par un décimètre, ou par un centimètre, etc.; alors, 10 mètres, par exemple, occupent sur le papier, soit une longueur d'un mètre, soit une longueur d'un décimètre, etc., suivant qu'on prend un décimètre ou un centimètre pour représenter un mètre. Pour réduire aux proportions d'un plan une longueur mesurée sur le terrain, on se sert d'une *échelle* qui, le plus souvent, n'est qu'une règle en bois partagée en un certain nombre de parties égales numérotées, et répondant chacune à une longueur donnée, prise pour unité. La figure 133 représente une échelle ayant sa longueur partagée en dix parties égales. Au-dessous du zéro, se trouve une des divisions de la règle

également partagée en 10 parties égales, et dont la numération procède en sens inverse de celle de la règle; alors
si chaque division de la règle représente un mètre, chaque
subdivision répondra à un décimètre; d'où il suit qu'avec
cette échelle on pourra réduire aux proportions du plan,
un nombre donné de mètres et de décimètres. Supposons
qu'on veuille réduire $9^m, 3$; on appliquera l'une des pointes
d'un compas sur le n° 3 placé au-dessous du zéro, puis on
ouvrira le compas jusqu'à ce que l'autre pointe vienne
aboutir au n° 9, situé au-dessus du zéro; l'on aura ainsi
une ouverture de compas répondant à $9^m, 3$.

Une figure étant réduite aux proportions du plan, on
peut ensuite, au moyen de l'échelle, évaluer certaines dimensions de cette figure, qui n'ont pu être prises directe-
ment. Car supposons, pour fixer les idées, qu'on ait mesuré
sur le terrain la base BC d'un triangle BAC, et les angles Fig. 121.
B et C. Après avoir tracé sur le papier une ligne B'C',
composée d'autant de divisions de l'échelle que BC renferme d'unités linéaires, on construira aux points B', C'
deux angles respectivement égaux aux angles B et C, et
l'on aura un triangle B'A'C' semblable au triangle BAC;
et comme deux triangles semblables ont leurs côtés homologues proportionnels, on conclura que A'B' et A'C', contiennent respectivement autant de parties de l'échelle que
AB et AC contiennent d'unités linéaires; donc pour connaître AB et AC, il suffira de mesurer sur l'échelle A'B' et
A'C', et autant ces deux lignes contiendront de divisions,
autant AB et AC renfermeront d'unités linéaires.

*Une échelle sert donc aussi à évaluer les dimensions
d'une figure, au moyen des dimensions plus petites d'une
autre.*

L'échelle qui vient d'être décrite ne peut toujours pas
être employée; cela arrive toutes les fois que la longueur
répondant sur le papier à l'unité linéaire, est très-petite par
rapport à cette unité. Si, par exemple, chacune des divi-

sions de l'échelle précédente, au lieu de répondre à un mètre, répondait à 100 mètres, il faudrait pour réduire aux proportions du plan un nombre donné de mètre, partager en 100 parties égales l'une des divisions de l'échelle ; et quoique géométriquement parlant, une telle division soit possible, elle serait à peu près impraticable. Aussi dans ce cas, fait-on usage d'une échelle de transversales, dont la construction repose sur le principe suivant.

LEMME.

27. *Si l'un des côtés* AB *de l'angle droit d'un triangle rectangle* CAB, *contient un nombre entier* m *de divisions égales à une quantité donnée* p *, et l'autre côté* AC *un nombre égal de divisions égales à une autre quantité donnée* P *, et qu'on élève des perpendiculaires jusqu'à l'hypothénuse* BC *par chacun des points de division de* AC *; chacune de ces perpendiculaires contiendra autant de fois* p *qu'il y a d'unités dans le numéro de cette perpendiculaire; la numération de* AC *ayant son origine au point* C.

Soit n le numéro de la perpendiculaire quelconque ab. Je dis qu'on aura

$$ab = np.$$

Considérant les triangles semblables CAB, Cab, on a la proportion

$$CA : AB :: Ca : ab.$$

Mais, par hypothèse, $CA = mP$, $AB = mp$, et $Ca = nP$; donc

$$mP : mp :: nP : ab.$$

Simplifiant cette proportion, il vient

$$1 : p :: n : ab,$$

d'où l'on tire

$$ab = np. \qquad \text{C. Q. F. D.}$$

Supposons, par exemple, $m=10$, $n=8$; nous aurons dans ce cas

$$ab=8p.$$

Donc, si la ligne AB représente une longueur de 10 unités linéaires, ab représentera 8 de ces mêmes unités. Ainsi, au moyen du triangle CAB, on obtiendra sans peine une ouverture de compas, correspondante à un nombre moindre que 10 d'unités linéaires. Si dans le nombre d'unités linéaires à réduire aux proportions du plan, se rencontre une fraction, on la néglige, ce qui ne peut produire qu'une erreur insensible dans les proportions du dessin.

Scholie. Comme la grandeur des divisions de AC est tout à fait arbitraire, on suppose ordinairement P=AB.

28. *Échelle de dixmes.*

Pour construire une échelle de transversales, je trace une ligne indéfinie sur laquelle je prends une longueur AB, correspondante à 100 unités linéaires; au-dessous du point B, je prends les distances égales BC, CD, etc.; et la ligne AD représentera une longueur de 300 unités linéaires; au-dessus du point A, je prends aussi $Am=AB$, et je partage cette ligne Am en 10 parties égales; alors chaque division Aa de Am correspondra à 10 unités linéaires. Au point A j'élève sur AB une perpendiculaire $Au=AB$, et je partage encore Au en 10 parties égales, que je marque, à partir du point u, des n°s 0, 1, 2, 3, 4, 5....10. Par chacun des points de divisions de Au, je mène des parallèles à Am, et je termine ces parallèles, d'un côté à la droite mr, élevée par le point m, perpendiculairement à Am; et de l'autre côté, à la droite Dl perpendiculaire à AD. Sur la ligne lr qui passe par le point u, je porte, à partir du point u et au-dessus, 10 ouvertures de compas égales à Aa; je marque ces nouvelles divisions des n°s 10, 20, 30......100, comme on le voit sur la figure, et je joins avec le point a le n° 0, avec le point b le n° 10, avec le point c le n° 20, et ainsi de suite;

Fig. 135.

Fig. 134.

Fig. 136.

VIII.4. ces lignes de jonction seront parallèles et partageront en
1. parties égales aux divisions de Am, les parallèles à cette
ligne. Enfin, vis-à-vis les points B, C, D, je marque les
numéros 100, 200, 300....., et l'échelle se trouve terminée.

Je suppose qu'on veuille, au moyen de cette échelle,
obtenir une ouverture de compas, correspondante à 145
unités linéaires ; on appliquera l'une des pointes d'un compas sur l'horizontale du n° 100, en un point x, situé sur la
5e verticale, et l'on fera aboutir l'autre pointe sur la même
verticale au point z, placé vis-à-vis le n° 40. Cette ouverture de compas comprendra en effet 145 divisions de l'é-
chelle ; du point x au n° 5, il y en a 100, du n° 5 au point
27. y, il y en a 5, et enfin du point y au point z, il y en a 40,
ce qui fait un total de 145. L'échelle qui vient d'être construite, est une *échelle de dixmes,* mais on aurait pu la
construire suivant toute autre loi. La distance AB a généralement un rapport donné avec l'unité linéaire.

Suivant que l'unité linéaire est représentée sur le papier,
soit par $\frac{1}{10}$ soit par $\frac{1}{100}$, etc., on dit que l'échelle est au 10^e
ou au 100e etc. Les échelles du cadastre sont au 5000e, au
2500e, et au 1250e, suivant que le terrain est plus ou moins
morcellé. Les plans de la grande carte de France par
Cassini, sont au 86400e ; ainsi sur cette carte, une longueur d'un mètre correspond à une longueur de 86400
mètres.

Fig. 136. Proposons-nous maintenant de déterminer combien de
parties de l'échelle contient une ligne donnée, et soit MN
cette ligne. Ayant pris une ouverture de compas égale à
MN, je reconnais qu'en appuyant sur le n° 100 l'une des
pointes du compas, l'autre pointe tombe entre le n° 60 et le
n° 70, sur la verticale du point u. A partir de l'horizontale
B, je porte successivement MN sur les verticales n° 1, n° 2,
n° 3, n° 4, etc., et je trouve que cette ligne vient aboutir vis-
à-vis le n° 60, un peu au-dessus de la transversale de cenu-

méro, sur la verticale n° 4, mais au-dessous de la même transversale, sur la verticale n° 5. Il suit de là, que la ligne MN contient un nombre de parties de l'échelle, compris entre 164 et 165. Donc, en prenant l'un ou l'autre de ces nombres pour la valeur de MN, l'erreur commise sera < 1.

PROBLÈME.

29. *Mesurer la hauteur d'une tour, du pied de laquelle on peut approcher.*

Soit BS la hauteur qu'on veut mesurer. On stationnera en un point A, d'où l'on apercevra le sommet S de la tour, et ayant fixé au point A un instrument propre à mesurer les angles, un graphomètre par exemple, on rendra vertical le limbe *nms* de l'instrument, et horizontal le diamètre principal *ns*, en faisant en sorte que le point S soit vu sur le prolongement du plan du limbe. Cela fait, on assujetira l'instrument, on dirigera sur le point S le diamètre *am*, mobile autour du centre *a*, et on lira sur le limbe le nombre des degrés de l'angle CaS, qui sera par exemple de 49 degrés ; on mesurera ensuite sur le terrain la base AB$=aC$, soit AB$=55$ mètres. Pour connaître BS il suffira évidemment d'évaluer CS, et d'ajouter à cette ligne la longueur A*a* de l'instrument, car A*a*$=$BC. Pour obtenir CS, je tire une ligne indéfinie sur laquelle je prends *ab*$=55$ divisions de l'échelle ; au point *b*, j'élève la perpendiculaire *bs*, et au point *a* je fais, à l'aide d'un rapporteur, un angle de 49 degrés ; j'obtiens ainsi un triangle *asb*, semblable au triangle *a*SC ; et comme dans deux triangles semblables les côtés homologues sont proportionnels, il s'ensuit que *bs* contient autant de parties de l'échelle que CS renferme de mètres. Mesurant *bs* sur l'échelle, je trouve *bs*$=53$ divisions. Donc

Fig. 137.

CS$=53$ mètres.

Ajoutant à ce dernier nombre, la hauteur de l'instrument, laquelle sera par exemple d'un mètre, je trouve

$$BS = 54 \text{ mètres.}$$

PROBLÈME.

30. *Trouver la largeur d'une rivière, d'un étang, et en général la distance à un point inaccessible.*

Fig. 138.　Je suppose qu'on veuille mesurer la distance AC d'un point A, à un point inaccessible C. On mesurera sur le terrain une base AB, ni trop grande ni trop petite par rapport à AC. On stationnera successivement aux points A et B, et l'on mesurera les angles A et B, que font avec la base AB, les lignes de mire AC, BC, dirigées successivement sur le point C. On mesurera aussi la base AB, qui sera par exemple de 46 mètres. Cela fait, ayant tiré une ligne indéfinie, on prendra sur cette ligne $ab = 46$ parties de l'échelle ; aux points a, b, on construira, à l'aide du rapporteur, deux angles a, b, égaux à ceux mesurés en A et B, et le triangle acb sera semblable au triangle ACB, d'où il suit que ac contiendra autant de parties de l'échelle que AC contiendra de mètres. Mesurant ac sur l'échelle (fig. 136), je trouve $ac = 36$ divisions, donc

$$AC = 36 \text{ mètres.}$$

PROBLÈME.

Fig. 139.　**31.** *Trouver la distance* AC *qui sépare deux points* A *et* C*, lorsqu'un obstacle interposé empêche de voir l'un quand on se trouve à l'autre.*

Pour résoudre ce problème, on mesurera une base BD passant par le point A, et assez grande pour qu'on puisse voir le point C de ses deux extrémités ; BD sera par exemple de 164 mètres. On mesurera aussi la ligne AB que je supposerai de 57 mètres, et les angles B et D, que forment avec BD, les lignes de mire BC, DC. De retour au cabinet, on tracera une ligne indéfinie, sur laquelle on prendra en parties de l'échelle, $bd = 164$ mètres ; à partir de b, on prendra aussi en parties de l'échelle, $ab = 57$ mètres, et aux points b, d, on construira deux angles b, d, respectivement égaux à ceux mesurés en B et D; on joindra ensuite avec le point a le sommet c du triangle ainsi formé, et la ligne ac évaluée en parties de l'échelle, sera exprimée par le même nombre que la ligne AC évaluée en mètres. Mesurant sur l'échelle la ligne ac, on trouve $ac = 140$ divisions. Donc

$$AC = 140 \text{ mètres.}$$

PROBLÈME.

32. *Mesurer la distance* AB *qui sépare deux points inaccessible* A *et* B.

Fig. 140

Supposons, par exemple, qu'une rivière passe entre l'endroit où l'on se trouve et les points A et B. Ayant mesuré une base CD, qui sera par exemple de 62 mètres, on dirigera successivement des points C et D, des lignes de mire sur les points A et B, et l'on mesurera les angles que chacune de ces lignes de mire fait avec CD. De retour au cabinet, on tracera une ligne indéfinie, sur laquelle on prendra $cd = 62$ divisions de l'échelle. On construira au point c deux angles acd, bcd, respectivement égaux à ceux mesurés en C; au point d, on construira pareillement les angles adc, bdc, respectivement égaux à ceux mesurés en D; les lignes ca, da et cb, db, détermineront par leur intersection, deux points, dont la distance, évaluée en parties de l'échelle, sera égale à la distance AB évaluée en mètres. Mesurant ab sur l'échelle, on trouve $ab = 38$ divisions. Donc

$$AB = 38 \text{ mètres.}$$

PROBLÈME.

33. *Mesurer la hauteur* SP *d'une montagne, au-dessus de la plaine* AB.

Fig. 141.

On stationnera aux points A et B, placés dans la direction ABP, et l'on mesurera successivement les angles verticaux SAP, SBP, ainsi que la base AB, qui sera par exemple de 108 mètres. De retour chez soi, on tracera une ligne indéfinie, sur laquelle on prendra $ab=108$ divisions de l'échelle, et l'on construira aux points a, b, deux angles sap, sbp, respectivement égaux à SAP, SBP. On formera ainsi un triangle abs, tel qu'en abaissant du sommet s une perpendiculaire sp sur ab, cette perpendiculaire, évaluée en parties de l'échelle, sera égale à SP évaluée en mètres. Prenant sur l'échelle la grandeur de sp, on trouve $sp=199$ divisions. Donc

$$SP = 199 \text{ mètres.}$$

34. *Énoncés des questions à résoudre.*

I. Une tour et un objet vertical grand de 4 mètres, sont vus sous le même angle. L'objet est placé à 5 mètres, et la tour à 200 mètres de distance de l'œil de l'observateur. Quelle est la grandeur de la tour? *Rép.* 160 mètres.

II. Le centre d'un cercle de 4 mètres de rayon, est éloigné de 5 mètres d'un point donné. Quelle est la grandeur de la corde de l'arc qui peut être vu du point donné? *Rép.* 4^m, 8.

III. Inscrire dans un cercle donné, un triangle semblable à un triangle donné.

IV. Inscrire un décagone régulier dans une circonférence donnée, ensuite un pentagone, et un pentédécagone.

V. Si par les centres de deux circonférences données, on mène dans le même sens, ou en sens contraire, deux rayons parallèles, et qu'on joigne par une droite les extrémités de ces rayons, la ligne de jonction ira toujours rencontrer au même point la ligne des centres, quelle que soit la direction des rayons parallèles.

Corollaire. Mener une tangente commune à deux cercles.

VI. Construire un polygone régulier d'un nombre donné de côtés ayant une longueur déterminée.

CHAPITRE XI.

Similitude des polygones en général. — Similitude des polygones réguliers d'un même nombre de côtés. — Rapport des circonférences considérées comme des polygones d'un nombre infini de côtés. — Valeurs approchées du rapport de la circonférence au diamètre.

1. Dans deux polygones ayant le même nombre de côtés, et dont les angles consécutifs, pris dans le même ordre, sont égaux chacun à chacun, on nomme côtés *homologues* les côtés adjacents à des angles égaux.

Dans deux polygones ayant le même nombre de côtés, si ces côtés, pris consécutivement et dans le même ordre, sont proportionnels, on nomme angles *homologues* ceux compris entre des côtés proportionnels.

Deux polygones sont *semblables*, quand ils ont leurs angles consécutifs, pris dans le même ordre, égaux chacun à chacun, et leurs côtés homologues proportionnels.

Deux arcs sont semblables lorsque, appartenant à des circonférences inégales, ils correspondent à des angles au centre égaux.

THÉORÈME.

2. *Deux polygones sont semblables, quand ils sont composés d'un même nombre de triangles semblables, chacun à chacun, et semblablement placés.*

Soient deux polygones ABCDEF, *abcdef*, composés Fig. 142. d'un même nombre de côtés, et formés des triangles semblables (ABC, *abc*,), (ACD, *acd*,) etc.; en supposant que dans ces triangles semblables, les angles égaux aient la même position, je dis que les deux polygones seront semblables. Prouvons d'abord que ces polygones sont équiangles. L'angle BAF du 1er polygone, est égal à l'angle *baf* du second, comme étant composés de trois angles égaux chacun à chacun; par hypothèse, l'angle B=*b*, et F=*f*; les angles BCD, *bcd*, sont aussi égaux, comme étant formés de deux angles égaux chacun à chacun; par la même raison DEF=*def*. Donc, les polygones comparés sont équiangles. Il reste à faire voir que dans ces polygones les côtés homologues sont proportionnels. Les triangles ABC, *abc*, étant semblables, on a

$$AB : ab :: BC : bc :: AC : ac.$$

Les triangles semblables ACD, *acd*, donnent aussi

$$AC : ac :: CD : cd :: AD : ad;$$

remplaçant dans la 1re suite de rapports égaux, (AC : *ac*) par son égal CD : *cd* :: AD : *ad*, il vient

$$AB : ab :: BC : bc :: CD : cd :: AD : ad.$$

On déduit aussi des triangles semblables ADE, *ade*,

$$AD : ad :: DE : de :: AE : ae;$$

remplaçant dans l'avant-dernière suite, (AD : *ad*) par son égal DE : *de* :: AE : *ae*, il vient

$$AB : ab :: BC : bc :: CD : cd :: DE : de :: AE : ae.$$

Enfin, en substituant dans la suite ci-dessus, au lieu de (AE : *ae*), son égal EF : *ef* :: AF : *af*, j'obtiens en définitive

$$AB : ab :: BC : bc :: CD : cd :: DE : de :: EF : ef :: AF : af.$$
C. Q. F. D.

THÉORÈME.

5. *Réciproquement, deux polygones semblables sont*

composés d'un même nombre de triangles semblables chacun à chacun, et semblablement placés.

Soient ABCDEF, *abcdef*, deux polygones semblables, Fig. 142. c'est-à-dire tels qu'on ait

$$BAF = baf,\ B = b,\ BCD = bcd,\ CDE = cde,\ \text{etc.}$$

et de plus

$$AB : ab :: BC : bc :: CD : cd :: \text{etc.}$$

Par les sommets de deux angles égaux A, *a*, je tire les diagonales AC, AD, etc., et *ac*, *ad*, etc. Je décompose ainsi les deux polygones en un même nombre de triangles, qui sont disposés de la même manière, et que je dis être semblables. Je compare d'abord les triangles ABC, *abc*. L'angle B du premier triangle est égal, par hypothèse, à l'angle *b* du second ; et comme aussi AB : *ab* :: BC : *bc*, les deux triangles ont un angle égal, compris entre côtés proportionnels, donc ils sont semblables, donc les angles ACB, *acb*, sont égaux. Passons aux triangles ADC, *adc*. L'angle BCD étant égal à l'angle *bcd*, si de ces deux angles on retranche les angles égaux ACB, *acb*, il reste ACD = *acd*. Mais à cause de la similitude des triangles ABC, *abc*,

$$BC : bc :: AC : ac,$$

et en vertu de celle des polygones,

$$BC : bc :: CD : cd.$$

Comparant cette proportion avec la précédente, on conclut

$$AC : ac :: CD : cd ;$$

donc, les triangles comparés sont encore semblables, comme ayant un angle égal compris entre côtés proportionnels. On établirait de la même manière la similitude des triangles ADE, *ade*, et aussi celle des triangles AEF, *aef*. Donc, etc.

PROBLÈME.

Fig. 142. **4.** *Sur le côté ab homologue à* AB, *construire un polygone semblable au polygone donné* ABCDEF.

Au point *a* de la ligne *ab*, je construis l'angle *bac*=BAC; au point *b* je construis également l'angle *b*=B. Les lignes *ac*, *bc*, détermineront par leur intersection, un triangle *abc*, semblable au triangle ABC. Au point *b*, je construis encore l'angle *cad*=CAD, et au point *c*, l'angle *acd*=ACD; je forme ainsi un nouveau triangle *ade*, semblable au triangle ADC. En continuant cette suite de constructions, on formera successivement les triangles *aed*, *afe*, qui seront respectivement semblables aux triangles AED, AFE;

X. 10. cor. 1

3. donc aussi le polygone *abcdef* sera semblable au polygone ABCDEF.

THÉORÈME.

5. *Les périmètres de deux polygones semblables, sont entr'eux comme les côtés homologues.*

Fig. 142. Dans les polygones semblables ABCDEF, *abcdef*, je suppose égaux les angles marqués des mêmes lettres; prenant deux côtés homologues quelconques AB, *ab*, et nommant P et *p* les périmètres des deux polygones, je dis qu'on aura

$$P : p :: AB : ab.$$

Les deux polygones proposés étant semblables, on a la suite de rapports égaux,

$$AB : ab :: BC : bc :: CD : cd :: DE : de :: EF : ef :: AF : af.$$

Mais dans une suite de rapports égaux, la somme des antécédent est à celle des conséquents, comme chaque antécédents est à son conséquent, donc

$$AB+BC+CD+\text{etc.} : ab+bc+cd+\text{etc.} :: AB : ab.$$

Remplaçant AB+BC+CD+etc., et *ab*+*bc*+*cd*+etc. par P et *p*, il vient

$$P : p :: AB : ab.$$

Corollaire. Si AB est double ou triple etc. de *ab*, P sera double ou triple etc. de *p*.

THÉORÈME.

6. *Deux polygones réguliers d'un même nombre de côtés, sont deux figures semblables.*

Soient ABCDEF, *abcdef*, deux polygones réguliers, composés chacun de *n* côtés. Comme la somme des angles intérieurs de tout polygone, est égale à autant de fois deux angles droits que ce polygone renferme de côtés, moins 2, $2(n\text{-}2)$ exprimera la somme des angles intérieurs de chaque polygone, l'angle droit, étant pris pour unité. Mais les *n* angles de chaque polygone sont égaux entr'eux ; chacun de ces angles a donc pour valeur la n^e partie de $2\,(n{-}2$, ou $\dfrac{2\,(n{-}2)}{n}$; par conséquent les angles des deux polygones sont égaux. Mais puisque AB=BC=CD=etc. , et que $ab=bc=cd$=etc., l'on a

AB : ab∷BC : bc∷CD : cd∷etc.

Donc les polygones comparés sont semblables. C. Q. F. D.

Fig. 143.

IX. 2.

THÉORÈME.

7. *Les périmètres des polygones réguliers d'un même nombre de côtés, sont entr'eux comme les rayons des cercles inscrits et circonscrits.*

Soient AB et *ab*, les côtés de deux polygones réguliers d'un nombre *n* de côtés, O et *o* les centres de ces polygones. Les lignes OA, *oa*, seront les rayons des cercles circonscrits, ou plus simplement, les *rayons* des deux polygones, et les perpendiculaires OP, *op*, seront les rayons des cercles inscrits, ou les *apothèmes* de ces mêmes polygones. Nommons P et P' les périmètres des deux polygones; comme les périmètres de deux polygones semblables, sont entr'eux comme les côtés homologues, nous aurons

Fig. 144.

5.

P : P'∷AB : ab.

Comparons maintenant les triangles AOB, *aob*. L'angle AOB du 1er triangle, est égal à l'angle *aob* de l'autre, car chacun de ces angles est la n^e partie de quatre angles droits; par suite

$$A + B = a + b.$$

Mais les triangles AOB, *aob*, étant isocèles,

$$A = B \text{ et } a = b.$$

Par conséquent

$$A = a \text{, et } B = b.$$

Donc, les triangles comparés sont semblables, et la comparaison des côtés homologues donne

$$AB : ab :: AO : ao.$$

Mais les triangles rectangles AOP, *aop*, étant semblables, l'on a

$$AO : ao :: OP : op;$$

donc

$$AB : ab :: AO : ao :: OP : op.$$

Remplaçant dans cette suite de rapports égaux, $(AB : ab)$ par son égal $(P : P')$, il vient

$$P : P' :: AO : ao :: OP : op. \quad \text{C. Q. F. D.}$$

Scholie. La proportion

$$P : P' :: AB : ab,$$

démontrée plus haut, fait voir que si le côté *ab* de l'un des polygones est infiniment petit, le côté AB de l'autre sera aussi infiniment petit. *Donc, si deux polygones réguliers sont semblables, et que les côtés de l'un soient infiniment petits, les côtés de l'autre seront aussi infiniment petits.*

LEMME.

8. *Toute ligne convexe* AMB *, est plus courte que toute autre ligne* AmB, *qui l'enveloppe d'une extrémité à l'autre.*   Fig. 145.

Parmi toutes lignes telles que AMB, AmB, etc., il en existe au moins une plus courte que toutes les autres ; et je dis que cette ligne *minimâ* ne pourra se rencontrer parmi celles qui enveloppent AMB. Supposons pour un instant que AmB soit cette plus courte ligne. Je tire la droite CD, qui rencontre en deux points la courbe AmB, et qui ne rencontre pas AMB ; ou du moins ne fasse que la toucher. J'aurai ainsi

$$CD < CmD.$$

Ajoutant AC+BD aux deux membres de cette inégalité, elle devient

$$ACDB < AmB.$$

Or, la ligne ACDB, enveloppe d'une extrémité à l'autre la ligne AMB ; donc parmi les lignes qui enveloppent AMB, il y en aurait une moindre que la ligne minimâ, ce qui est absurde. Donc la ligne AMB est la seule ligne minimâ, parmi toutes les lignes AMB, AmB, etc.

Corollaire. Toute ligne convexe et rentrante sur elle-même, est plus courte que toute autre ligne qui l'enveloppe de toutes parts, soit que la ligne enveloppante touche en un ou plusieurs points la ligne enveloppée, soit qu'elle l'environne sans la toucher.

Soit Abmc une ligne convexe, touchée au point A par une ligne AMRN, qui l'enveloppe de toutes parts ; je dis que   Fig. 146.
la ligne enveloppée sera moindre que la ligne enveloppante. Par le point quelconque *m*, pris sur la courbe Abmc ; je tire la tangente MN, et j'aurai

$$MN < MRN.$$

Ajoutant aux deux membres de cette inégalité AM+AN,
il vient

$$AMmN < AMRN.$$

Je joins maintenant le point A au point m; comme les
courbes Abm et Acm, sont respectivement enveloppées
d'une extrémité à l'autre, par les lignes AMm ANm,
j'aurai successivement

$$Abm < AMm,$$

$$Acm < ANm.$$

Ajoutant ces deux inégalités, membre à membre, il vient

$$Abmc < AMmN.$$

Mais AMmN est $< $ AMRN, donc à plus forte raison

$$Abmc \text{ est} < AMRN. \quad \text{C. Q. F. D.}$$

Scholie. La démonstration du lemme précédent, ne subsiste qu'autant que la ligne ACDB enveloppe d'une extrémité à l'autre AMB; or, c'est ce qui pourrait ne pas arriver
si la ligne AMB n'était pas convexe, car alors on ne pourrait plus affirmer que CD ne coupe pas AMB.

LEMME.

9. *Un arc de cercle infiniment petit, est égal à sa
corde.*

Soit AMB un arc de cercle infiniment petit, et AB sa
corde; aux points A et B, je mène les tangentes AC, BC,
qui seront égales, et respectivement perpendiculaires aux
extrémités des rayons OA, OB; je joins aussi le centre
O avec le point C, par la ligne OC; OC sera perpendiculaire
sur le milieu de AB, et partagera l'arc AMB en deux parties égales. Pour abréger, je pose maintenant

$$OP = r, \ AB = c, \ AC = BC = t, \ AMB = a, \ CP = e;$$

et je considère le triangle rectangle OAC ; ce triangle donne successivement

$$CP : AP :: AP : OP,$$

$$CP : AC : AC : OC.$$

Mais $CP = c$, $AP = \frac{1}{2}c$, $OP = r$, $AC = t$, $OC = OP + CP = r + c$, donc

$$c : \tfrac{1}{2}c :: \tfrac{1}{2}c : r,$$

$$c : t :: t : r + c.$$

Faisant le produit des extrêmes et celui des moyens dans ces deux proportions, il vient

$$\tfrac{1}{4}c^2 = re, \text{ d'où } c^2 = 4re$$

$$t^2 = (r + c)c = re + c^2.$$

La 1re de ces égalités prouve que c est une quantité infiniment petite, puisqu'elle donne $c = \dfrac{1}{4r}c^2$ (*) ; et la seconde prouve la même chose à l'égard de t. Cela posé, nous avons

$$a > c \text{ et } a < 2t, \qquad\qquad \text{S.}$$

car $AC + BC = 2t$. Elevant au carré les deux membres de ces inégalités, et les divisant ensuite par c^2, il vient

$$\frac{a^2}{c^2} > 1, \quad \frac{a^2}{c^2} < \frac{4t^2}{c^2}.$$

Mais $\dfrac{4t^2}{c^2} = \dfrac{4(re + c^2)}{4re} = \dfrac{re + c^2}{re} = 1 + \dfrac{e}{r}$; donc

$$\frac{a^2}{c^2} \text{ est} > 1 \text{ et } \frac{a^2}{c^2} \text{ est} < 1 + \frac{e}{r}.$$

(*) La quantité e, est même infiniment petite du 2e ordre par rapport à c. (Voy. Intr. 4.)

Ainsi $\dfrac{a^2}{c^2}$ est compris entre 1 et $1+\dfrac{e}{r}$; donc la différence entre $\dfrac{a^2}{c^2}$ et 1 est $<\dfrac{e}{r}$ qui est une quantité infiniment petite.

5. intr. Nous pouvons donc négliger devant 1, la quantité $\dfrac{e}{r}$ et nous aurons

$$\frac{a^2}{c^2}=1,\ \text{d'où } a=c. \quad \text{C. Q. F. D.}$$

Scholie. Comme $\dfrac{4t^2}{c^2}=1+\dfrac{e}{r}$, l'on a aussi

$$\frac{4t^2}{c^2}=1,\ \text{d'où } 2t=c.$$

Ainsi la ligne brisée ACB, est aussi égale à la corde AB, et à plus forte raison à l'arc AMB.

Corollaire. Un arc convexe AMB infiniment petit, appartenant à une courbe quelconque, est aussi égal à la corde infiniment petite AB, qui le soustend.

Fig. 148.
En effet, on pourra toujours trouver au-dessus de AMB, un point m infiniment rapproché, tel qu'en faisant passer un arc de cercle AmB par les trois points A, m, B, l'arc infiniment petit AmB enveloppera d'une extrémité à l'autre, l'arc de courbe AMB. Or, d'après ce qu'on vient de prouver, $\dfrac{AmB}{AB}$ ne diffère de l'unité que d'une quantité infiniment petite; donc à plus forte raison $\dfrac{AMB}{AB}$, puisque AMB est compris entre AB et AmB. Donc aussi

$$\frac{AMB}{AB}=1,\ \text{d'où } AMB=AB. \quad \text{C. Q. F. D.}$$

THÉORÈME.

10. *Le contour d'un polygone régulier infinitésimal*

131

*inscrit ou circonscrit à un cercle, est égal à la circonfé-
rence de ce cercle.*

Car soit *abcd....* ou ABCD.... le polygone infinitésimal Fig. 105.
inscrit ou circonscrit. S'il s'agit d'un polygone inscrit,
chaque côté étant égal à l'arc soustendu, le périmètre
du polygone est aussi égal à la circonférence. A l'égard
du polygone circonscrit, nous aurons, pour un côté quelconque AB,

$$AB = Ba + Bb.$$

Mais $Ba + Bb = $ arc ab, donc aussi   9. sch.

$$AB = \text{arc } ab.$$

Par suite, le périmètre du polygone infinitésimal ABCD...
est égal à la circonférence inscrite.   C. Q. F. D.

THÉORÈME.

11. *Les circonférences des cercles, sont entr'elles
comme leurs rayons.*

Soient R et r les rayons de deux circonférences quelconques C, c; je dis qu'on aura

$$C : c :: R : r.$$

J'exprime par P et p les périmètres de deux polygones réguliers infinitésimaux semblables, inscrits dans les deux
cercles donnés, nous aurons

$$P : p :: R : r.$$ 7.

Mais en vertu du théorème précédent, $P = C$, $p = c$;
donc

$$C : c :: R : r.   \text{C. Q. F. D.}$$

1er *corollaire. Deux arcs semblables sont entr'eux
comme leurs rayons.*

En effet, les arcs semblables sont entr'eux comme les
circonférences auxquelles ils appartiennent; mais ces cir-   VI. 17.

conférences sont entr'elles comme leurs rayons ; donc aussi les arcs sont entr'eux comme ces mêmes rayons.

2° *corollaire. Le rapport d'une circonférence quelconque à son diamètre, est le même que le rapport de toute autre circonférence à son diamètre.*

Multipliant par 2 les deux derniers termes de la proportion précédente, et changeant ensuite les moyens de place dans la proportion résultante, il vient

$$C : 2R :: c : 2r. \quad \text{C. Q. F. D.}$$

Scholie. Puisque le rapport d'une circonférence quelconque C à son diamètre 2R est toujours le même, nommons π ce rapport, nous aurons

$$\frac{C}{2R} = \pi, \text{ d'où } C = 2\pi R.$$

Ce qui démontre qu'une circonférence quelconque *est égale à son diamètre, multiplié par le nombre constant π.*

Si dans l'égalité $C = 2\pi R$, on suppose $R = 1$, on aura $C = 2\pi$, d'où $\pi = \frac{1}{2}C$. Ainsi, le rapport de la circonférence au diamètre, *est égal à la moitié de la circonférence ayant pour rayon l'unité linéaire.*

PROBLÈME.

12. *Connaissant le côté d'un polygone régulier inscrit, calculer celui d'un polygone régulier inscrit, d'un nombre double de côtés.*

Fig. 149.

Soit $AB = c$ le côté du polygone régulier inscrit, $OA = R$ le rayon du cercle, et $AS = l$ le côté inconnu du polygone régulier inscrit d'un nombre double de côtés ; à cause que le triangle ARS est rectangle, nous aurons

$$\overline{AS}^2 = \overline{AR}^2 + \overline{RS}^2.$$

Mais $AS = l$, $AR = \frac{1}{2}c$, $RS = OS - OR = R - OR$, donc

$$l^2 = \frac{1}{4}c^2 + (R - OR)^2.$$

138

Le triangle rectangle ORA donne aussi

$$\overline{OR}^2 = \overline{OA}^2 - \overline{AR}^2 \text{ ou } \overline{OR}^2 = R^2 - \tfrac{1}{4}c^2 ;$$

extrayant la racine carrée des deux membres de cette
égalité, il vient

$$OR = \sqrt{(R^2 - \tfrac{1}{4}c^2)}.$$

Substituant la valeur de OR dans celle de l^2, obtenue ci-
dessus, on trouve

$$l^2 = \tfrac{1}{4}c^2 + \left\{ R - \sqrt{(R^2 - \tfrac{1}{4}c^2)} ; \right\}^2 ;$$

extrayant les racines carrées, il vient

$$l = \sqrt{\left[\tfrac{1}{4}c^2 + \left\{ R - \sqrt{(R^2 - \tfrac{1}{4}c^2)} \right\}^2 \right]}. \quad \text{C. Q. F. D.}$$

Si dans cette formule, on suppose $R = 1$, elle devient

$$l = \sqrt{\left[\tfrac{1}{4}c^2 + \left\{ 1 - \sqrt{(1 - \tfrac{1}{4}c^2)} \right\}^2 \right]}. \; (^*)$$

Scholie. Nommons n et p le nombre des côtés, et le périmètre du polygone inscrit, nous aurons $p = nc$, d'où
$c = \dfrac{p}{n}$; remplaçant c par $\dfrac{p}{n}$ dans la valeur générale de l, il
vient

$$l = \sqrt{\left[\tfrac{1}{4}\frac{p^2}{n^2} + \left\{ R - \sqrt{(R^2 - \tfrac{1}{4}\frac{p^2}{n^2})} \right\}^2 \right]}.$$

Or, si l'on fait croître indéfiniment le nombre n, la quantité
$\tfrac{1}{4}\dfrac{p^2}{n^2}$ s'approchera indéfiniment de 0, car p ne peut croître

---

(*) Si dans la valeur générale de l, on développe le carré compris sous
le radical, on trouvera, après toutes réductions faites

$$l = \sqrt{2R\left[R - \sqrt{(R^2 - \tfrac{1}{4}c^2)} \right]} ;$$

et dans l'hypothèse de $R = 1$,

$$l = \sqrt{2\left[1 - \sqrt{(1 - \tfrac{1}{4}c^2)} \right]}.$$

au-delà de la circonférence circonscrite ; donc aussi l s'approchera indéfiniment de 0. Donc, *en rendant suffisamment grand le nombre des côtés d'un polygone régulier inscrit, on rendra aussi petits qu'on voudra, les côtés de ce polygone.*

PROBLÈME.

13. *Connaissant le périmètre d'un polygone régulier inscrit, déterminer celui d'un polygone circonscrit ayant le même nombre de côtés.*

Fig. 150.

Soient AE, AB, BF, etc., les divers côtés d'un polygone régulier inscrit donné, et R, S, T, etc., les points où les arcs soustendus par ces côtés, sont partagés en deux parties égales. Par les points R, S, T, etc., je mène des tangentes à la circonférence. Ces tangentes en se rencontrant consécutivement, détermineront un polygone régulier circonscrit, semblable au polygone inscrit, et dont il faut calculer le périmètre. Soit AB$=c$ un côté quelconque du polygone inscrit, et ab le côté correspondant du polygone circonscrit. Comme les lignes AB, ab, sont parallèles, le rayon OS qui est perpendiculaire à la tangente ab, sera aussi perpendiculaire à AB ; donc OP$=r$ sera l'apothème du polygone inscrit, et OS$=$R, celui du polygone circonscrit. Mais deux polygones réguliers semblables sont entre eux comme leurs apothèmes ; donc, si nous désignons par P et p, les périmètres des polygones réguliers circonscrits et inscrits, nous aurons

$$\mathrm{P} : p :: \mathrm{R} : r, \text{ d'où } \mathrm{P}=\frac{\mathrm{R}p}{r}.$$

Or, le triangle rectangle OPA donne OP$=\sqrt{(\overline{\mathrm{OA}}^2-\overline{\mathrm{AP}}^2)}$ ou $r=\sqrt{(\mathrm{R}^2-\tfrac{1}{4}c^2)}$, donc

$$\mathrm{P}=\frac{\mathrm{R}p}{\sqrt{(\mathrm{R}^2-\tfrac{1}{4}c^2)}}.$$

Si dans cette formule on suppose R$=$1, elle devient

$$\mathrm{P}=\frac{p}{\sqrt{(1-\tfrac{1}{4}c^2)}}.$$

Corollaire. Dans la proportion $P : p :: R : r$, retranchons chaque antécédent de son conséquent, nous aurons

$$P-p : p :: R-r : r, \text{ d'où } P-p = \frac{p}{r}(R-r).$$

Or $R-r = OS-OP = SP$, et SP est $< AP$, car dans le triangle APS, l'angle SAP est moindre que ASP; donc $R-r$ est $< AP$. Mais AP peut être pris aussi petit qu'on voudra; donc $R-r$, et par suite $P-p$, sont susceptibles de devenir moindres que toute grandeur donnée. *Ainsi, l'on pourra toujours inscrire et circonscrire à un cercle, deux polygones réguliers semblables d'un nombre assez grand de côtés, pour que la différence des périmètres de ces polygones, soit moindre que toute fraction donnée $\frac{1}{f}$; f étant un nombre entier quelconque.*

12. sch.

PROBLÈME.

14. *Calculer le rapport de la circonférence au diamètre, à moins de $\frac{1}{f}$ d'unité; f étant un nombre entier donné.*

Nous savons que le rapport π de la circonférence au diamètre, est égal à la moitié de la circonférence dont le rayon est 1; donc, si la longueur d'une telle circonférence était connue, π serait aussi connu, et le problème serait résolu. La question est donc ramenée à calculer la longueur d'une circonférence, ayant pour rayon l'unité linéaire. Concevons qu'on ait inscrit et circonscrit à cette circonférence deux polygones réguliers semblables. Le périmètre du polygone inscrit sera moindre, et celui du polygone circonscrit, plus grand que la circonférence; donc, la différence des périmètres de ces polygones, sera plus grande que la différence entre la circonférence et chacun de ces périmètres. Nommons p l'un de ces périmètres, par exemple celui du poly-

11 sch.

gonc inscrit ; désignons aussi par d la différence des deux périmètres, et par e la quantité dont la circonférence surpasse p ; nous aurons

$$e < d, \quad 2\pi = p + e, \quad \text{d'où } \pi = \tfrac{1}{2}p + \tfrac{1}{2}e.$$

Donc, en prenant $\tfrac{1}{2}p$ pour la valeur de π, l'erreur commise sera $\tfrac{1}{2}e$; il faut donc rendre

$$\tfrac{1}{2}e < \frac{1}{f}$$

Mais e est $< d$, d'où $\tfrac{1}{2}e < \tfrac{1}{2}d$; donc, pour satisfaire à l'inégalité précédente, il faudra rendre

$$\tfrac{1}{2}d = \text{ou} < \frac{1}{f},$$

c'est-à-dire, inscrire et circonscrire au cercle dont le rayon est 1, deux polygones réguliers semblables, ayant assez de côtés pour que la demi-différence de leurs périmètres soit égale à $\frac{1}{f}$ ou moindre que $\frac{1}{f}$. Pour inscrire et circonscrire deux polygones satisfaisant à cette condition, on inscrira d'abord un polygone régulier d'un périmètre connu, un hexagone par exemple, et à l'aide de la formule

$$\text{13.} \qquad \mathrm{P} = \frac{p}{\sqrt{(1 - \tfrac{1}{4}c^2)}},$$

on évaluera le périmètre de l'hexagone circonscrit. Cela fait, on calculera le côté, et par suite le périmètre du dodécagone inscrit, en se servant de la formule

$$\text{12.} \qquad l = \sqrt{\left[\tfrac{1}{4}c^2 + \left\{ 1 - \sqrt{(1 - \tfrac{1}{4}c^2)} \right\}^2 \right]}.$$

Connaissant le périmètre du dodécagone inscrit, la 1re formule donnera le périmètre du dodécagone circonscrit, et l'on continuera cette suite d'inscriptions et de circonscriptions, jusqu'à ce qu'on parviendra à deux polygones dont la demi-différence des périmètres sera égale à $\frac{1}{f}$ ou moindre que $\frac{1}{f}$.

En poussant les calculs, dont je viens d'indiquer la marche, jusqu'aux polygones de 12288 côtés, on trouvera que le contour du polygone inscrit est.......... 6,2831852, et que le contour du polygone circonscrit est... 6,2831854.

Or, comme la demi-différence de ces nombres est 0,0000001, il s'en suit que la moitié de chacun d'eux exprime la valeur π à moins de 0,0000001 près. Prenant la moitié du plus petit de ces nombres, on trouve

$$\pi = 3,1415926.$$

Scholie. Dans les applications usuelles de la géométrie, on emploie souvent deux rapports plus simples, mais moins approchés que le précédent ; l'un de ces rapports, dû à *Archimède*, a pour valeur $\frac{22}{7}$; l'autre, dû à *Adrien*, surnommé *Métius*, est égal à $\frac{355}{113}$. En nous bornant aux quatre premières décimales de la valeur π trouvée ci-dessus, et augmentant toutefois la dernière d'une unité, nous aurons

$$\pi = 3,1416.$$

Cette valeur de π est celle dont nous ferons usage dans la suite de ce traité.

Mais les valeurs précédentes du rapport de la circonférence au diamètre, ne suffisent plus dans les calculs de l'astronomie, où l'on est souvent obligé de calculer des circonférences ayant de très-grands rayons ; on conçoit en effet que dans ce cas, l'erreur commise dans le nombre que l'on prend pour π, se répétant un très-grand nombre de fois, il devienne nécessaire d'employer une valeur de π beaucoup plus approchée que les précédentes. En voici une avec son logarithme, qui pourra servir aux recherches les plus délicates.

$$\pi = 3,14159263358979323846 ;$$
$$\log \pi = 0,49714987269415385435.$$

15. *Énoncés de questions à résoudre.*

I. Calculer la différence qui existe entre une circonférence

C et le périmètre P d'un polygone régulier infinitésimal, inscrit ou circonscrit à cette circonférence.

On trouvera que cette différence est $< \dfrac{P^2}{r(C+P)} e$; r et e ayant ici la même signification qu'au n° 9 de ce chapitre.

II. Lorsqu'une circonférence est égale au contour d'un polygone régulier donné, le rayon de cette circonférence est compris entre l'apothème et le rayon du polygone.

III. Connaissant le rayon R, et l'apothème r d'un polygone régulier donné, trouver le rayon R' et l'apothème r' d'un polygone régulier ayant un périmètre égal, et un nombre double de côtés.

Rép. $R' = \sqrt{Rr'}$, $r' = \dfrac{R+r}{2}$.

Corollaire. Déduire des deux questions précédentes, un nouveau moyen de calculer le rapport de la circonférence au diamètre.

IV. Trouver en fonction du rayon R, la longueur d'un arc A d'un nombre donné a de degrés.

Rép. $A = \dfrac{\pi R a}{180}$.

V. La circonférence d'une colonne est de $5^m, 25$. Quel est le diamètre de cette colonne?

Rép. $1^m, 67$.

CHAPITRE XII.

Mesure des surfaces. — Rectangles et parallèlogrammes, triangles, trapèzes et polygones quelconques. — Rapport des surfaces dans les triangles semblables; id. dans les polygones semblables. — Polygones réguliers, et cercle considéré comme un polygone régulier d'un nombre infini de côtés. — Secteurs et segments circulaires.

1. Deux figures sont équivalentes quand leurs surfaces, rapportées à la même unité, ont le même nombre pour mesure. D'après cela, un cercle peut être équivalent à un triangle, un triangle à un rectangle, etc., quoique ces figures, différentes de forme, ne puissent coïncider par la superposition. La dénomination de figures égales, sera conservée à celles qui ayant la même forme, peuvent coïncider par la superposition. Deux figures égales sont donc toujours équivalentes, mais deux figures équivalentes ne sont pas toujours égales.

Dans deux cercles différents, on appelle *secteurs semblables*, *segments semblables*, ceux qui répondent à des angles au centre égaux.

La hauteur d'un parallèlogramme, est la perpendiculaire menée entre deux côtés parallèles, pris pour bases.

La hauteur d'un trapèze est la perpendiculaire menée entre les deux côtés parallèles.

La hauteur d'un triangle est la perpendiculaire abaissée d'un sommet de ce triangle, sur le côté opposé pris pour base. Cette perpendiculaire ne tombe dans l'intérieur de ce triangle, que lorsque les angles à la base sont aigus; dans tout autre cas, la perpendiculaire tombe au dehors du triangle. Dans un triangle rectangle, si l'un des côtés de l'angle droit est pris pour base, l'autre côté est la hauteur du triangle.

THÉORÈME.

2. *Deux parallèlogrammes qui ont des bases égales et des hauteurs égales, sont équivalents.*

Je suppose que les deux parallèlogrammes ABCD, *abcd,* aient leurs bases AB, *ab*, égales, ainsi que leurs hauteurs MN, *mn*. Je fais glisser le parallèlogramme *abcd* sur l'autre; j'amène le point *a* au point A, et je fais prendre à *ab* la direction AB. Comme *ab*=AB, le point *b* tombera en B, et les lignes *ac*, *bd*, prendront des directions AF, BE,

Fig. 151.

telles que les angles BAF, ABE, que ces directions forment avec AB, soient respectivement égaux aux angles a, b; en même temps, comme les parallèlogrammes ont même hauteur, la base supérieure cd tombera sur la base supérieure CD, et le parallèlogramme $abcd$ deviendra le parallèlogramme égal ABEF. Comparons maintenant les parallèlogrammes ABCD, ABEF. Ces parallèlogrammes ayant une partie commune ABCE, il suffit, pour établir qu'ils sont équivalents, de faire voir que les triangles ACF, BDE, sont égaux. Or, les angles CAF, DBE, de ces triangles, sont égaux comme ayant leurs côtés parallèles et dirigés dans le même sens; les côtés AC et BD sont égaux comme côtés opposés du parallèlogramme ABCD; AF et BE sont aussi égaux, comme côtés opposés du parallèlogramme ABEF, donc les triangles ACF, BDE, sont égaux; donc aussi les parallèlogrammes ABCD, ABEF, sont équivalents, puisqu'ils sont formés d'une partie commune et d'une partie égale. Mais le parallèlogramme ABEF est égal au parallèlogramme $abcd$; par conséquent, le parallèlogramme ABCD est équivalent à $abcd$.   C. Q. F. D.

Corollaire. Un rectangle et un parallèlogramme sont équivalents, quand ils ont des bases égales et des hauteurs égales.

THÉORÈME.

3. *Tout triangle est la moitié du parallèlogramme de même base et de même hauteur.*

Fig. 152. Soient ABCD et AEB un parallèlogramme et un triangle ayant même base et même hauteur. Par le point B je mène BF parallèle à AE, et je prolonge cette ligne jusqu'à sa rencontre en F avec la ligne CD. Je forme ainsi un parallèlogramme ABEF, équivalent au parallèlogramme ABCD; mais la diagonale BE du parallèlogramme ABEF, partage ce parallèlogramme en deux triangles égaux AEB, FEB; le triangle AEB est donc moitié du parallèlogramme

ABEF ; donc il est aussi moitié du parallélogramme ABCD. C. Q. F. D.

1er *corollaire. Tout triangle est la moitié du rectangle de même base et de même hauteur.*

$2°$ *corollaire. Deux triangles de même base et de même hauteur, sont équivalents.*

THÉORÈME.

4. *Le rapport d'un rectangle quelconque au carré construit sur l'unité linéaire, est égal au produit de la base et de la hauteur du rectangle.*

Soient ABCD et EFGH un rectangle quelconque et un carré ayant pour côté l'unité linéaire. J'exprime par R et r les nombres abstraits qui servent de mesure au rectangle et au carré, et par b et h ceux qui servent de mesure à la base AB et à la hauteur AC du rectangle. Cela posé, je dis qu'on aura

Fig. 153.

$$\frac{R}{r} = bh.$$

Je partage la base EF et la hauteur EG du carré, en un nombre infini d de parties égales infiniment petites. AB contiendra un nombre infini m, et AC un nombre infini n de ces parties, et l'on aura

$$b = \frac{m}{d}, \quad h = \frac{n}{d}.$$

Par chacun des points de division de la hauteur EG du carré, je conduis des parallèles à la base EF, et réciproquement, dès divers points de division de la base, je mène des parallèles à la hauteur. Par la première construction, je partage le carré en d tranches horizontales, égales entre elles, et par la seconde, je décompose chaque tranche en d petits carrés égaux entr'eux, car chacun a pour côté l'une des divisions de EF. Le carré contenant d tranches, formées chacune de d petits carrés, renfermera d fois d ou dd

de ces carrés; donc en nommant c la mesure de chacun d'eux, on aura

$$r = ddc.$$

Je fais dans le rectangle les mêmes constructions que dans le carré; ainsi je conduis des parallèles à la base des divers points de division de la hauteur, et des parallèles à la hauteur des divers points de la base. Par la 1re opération, le rectangle se trouve partagé en n tranches horizontales, égales entr'elles, et par la seconde, chaque tranche est à son tour décomposée en m petits carrés égaux à c. Le rectangle contiendra donc n fois m ou mn de ces carrés, et nous aurons

$$R = mnc.$$

Divisons maintenant R par r, il vient

$$\frac{R}{r} = \frac{mnc}{ddc} = \frac{mn}{dd} = \frac{m}{d} \cdot \frac{n}{d}$$

Mais $\frac{m}{d} = b$, et $\frac{n}{d} = h$; donc

$$\frac{R}{r} = bh. \qquad \text{C. Q. F. D.}$$

THÉORÈME.

5. *Deux rectangles quelconques sont entr'eux comme leurs bases, multipliées par leurs hauteurs.*

Soient R et R' ces deux rectangles, et r le carré construit sur l'unité linéaire. En nommant b et h la base et la hauteur du rectangle R, et b' et h' la base et la hauteur de R', nous aurons

$$\frac{R}{r} = bh, \quad \frac{R'}{r} = b'h'.$$

Divisant ces deux égalités membre à membre, en ayant égard à la règle de la division de deux fractions, il vient

$$\frac{Rr}{R'r} = \frac{bh}{b'h'}, \quad \text{ou} \quad \frac{R}{R'} = \frac{bh}{b'h'}. \qquad \text{C. Q. F. D.}$$

1er *corollaire*. Si dans l'égalité précédente, on suppose alternativement $h=h'$, $b=b'$, elle devient

$$\frac{R}{R'}=\frac{b}{b'}, \quad \frac{R}{R'}=\frac{h}{h'},$$

d'où l'on conclut, que deux rectangles de *même hauteur sont entr'eux comme leurs bases, et que deux rectangles de même base, sont entr'eux comme leurs hauteurs.*

2e *corollaire. Deux parallèlogrammes quelconques sont entr'eux comme leurs bases multipliées par leurs hauteurs.* Car ces deux parallèlogrammes sont équivalents à deux rectangles de même base et de même hauteur.

3e *corollaire. Deux triangles quelconques, sont entre eux comme leurs bases multipliées par leurs hauteurs.*

Nommons t et t' les aires des deux triangles, et désignons par b et h la base et la hauteur du triangle t, et par les mêmes lettres accentuées la base et la hauteur de t'. Construisons deux rectangles R et R'; l'un, ayant pour base et pour hauteur b et h; l'autre ayant pour base et pour hauteur b' et h'. Nous aurons

$$t=\tfrac{1}{2}R, \quad t'=\tfrac{1}{2}R',$$

et aussi

$$\frac{R}{R'}=\frac{bh}{b'h'}, \quad \text{d'où} \quad \frac{\tfrac{1}{2}R}{\tfrac{1}{2}R'}=\frac{bh}{b'h'};$$

3. cor. 2.

car il est permis de diviser par un même nombre le numérateur et le dénominateur d'une fraction. Remplaçant $\tfrac{1}{2}R$ et $\tfrac{1}{2}R'$ par leurs valeurs respectives t et t', il vient

$$\frac{t}{t'}=\frac{bh}{b'h'}.$$

Et si dans cette égalité, on suppose alternativement $h=h'$, $b=b'$, il vient

$$\frac{t}{t'}=\frac{b}{b'}, \quad \frac{t}{t'}=\frac{h}{h'}.$$

Ce qui démontre que *deux triangles de même hauteur sont entr'eux comme leurs bases, et que deux triangles de même base sont entr'eux comme leurs hauteurs.*

THÉORÈME.

6. *Un rectangle a pour mesure le produit de sa base et de sa hauteur, pourvu qu'on prenne pour unité de surface, le carré construit sur l'unité linéaire.*

Soit R l'aire du rectangle proposé, et r celle du carré ayant pour côté l'unité linéaire ; en nommant toujours b et h les nombres abstraits qui servent de mesure à la base et à la hauteur du rectangle, nous aurons

$$\frac{R}{r} = bh.$$

Donc, en prenant pour unité de surface le carré de l'unité linéaire, r sera égal à 1, et l'égalité précédente donnera

$$R = bh.$$

Ce qui fait voir que la mesure d'un rectangle est égale *au produit des nombres abstraits qui servent de mesure à la base et à hauteur de ce rectangle, mais seulement dans le cas particulier de* $r = 1$.

Supposons, par exemple, que la base du rectangle soit de 3 mètres, et la hauteur de 5 ; nous aurons $b = 3$, $h = 5$, et par suite $R = 15$. Le rectangle proposé ayant pour mesure le nombre abstrait 15, vaudra 15 carrés égaux à celui de l'unité linéaire, c'est-à-dire 15 mètres carrés.

Scholie. On voit d'après ce qui précède, que le choix de l'unité de surface est subordonné à celui de l'unité linéaire ; de sorte que, suivant que l'unité linéaire sera ou le mètre, ou le décamètre, ou la toise, ou le pied, etc., l'unité de surface sera ou le mètre carré, ou le décamètre carré, ou la toise carrée, ou le pied carré, etc.

1er *corollaire. Un parallélogramme a pour mesure le produit de sa base et de sa hauteur ;* car tout parallélogramme est équivalent au rectangle de même base et de même hauteur.

2e *corollaire. Un triangle a pour mesure la moitié du*

produit de sa base et de sa hauteur ; car tout triangle est 3. Cor. 1.
la moitié du rectangle de même base et de même hau-
teur.

THÉORÈME.

7. *Un trapèze a pour mesure sa hauteur, multipliée par la demi-somme des bases parallèles.*

Pour abréger, j'exprime par B, b, et H, les nombres Fig. 154.
qui servent de mesure aux bases AC, DE, et à la hauteur
XY du trapèze ACDE. T désignant l'aire de ce trapèze, je
dis qu'on aura

$$T = H \frac{B + b}{2}.$$

Par le point M, milieu de CE, je mène RS parallèle à AD,
et je prolonge cette ligne jusqu'à sa rencontre en S avec la
base supérieure DE ; je forme ainsi deux triangles CMR,
EMS, qui sont égaux, comme ayant un côté égal adjacent
à deux angles égaux chacun à chacun ; donc les côtés ES,
CR, sont égaux, ainsi que MR et MS. Cela posé, si de la
figure entière ACDS, je retranche successivement chacun
des triangles égaux EMS, CMR, les restes que j'obtiendrai
seront égaux. Or, en retranchant le triangle EMS, il reste
le trapèze ACDE, et en retranchant le triangle CMR, il
reste le parallélogramme ARDS ; donc le trapèze et le parallélogramme sont équivalents. Mais le parallélogramme
a pour mesure XY. AR ; donc aussi

$$T = XY.AR = H.AR.$$

Comme la quantité AR, qui entre dans cette formule, est
inconnue, il nous reste à la déterminer. Or,

$$AR = AC - CR,$$

et
$$DS = DE + ES.$$

Ajoutant ces égalités membre à membre, et observant que
les termes égaux —CR+ES se détruisent, il reste

$$AR + DS = AC + DE.$$

20

VIII. 2. Mais AR=DS, AC=B, DE=b, par conséquent

$$2AR=B+b, \text{ d'où } AR=\frac{B+b}{2}.$$

Substituant cette valeur de AR dans celle de T, il vient

$$T=H\frac{B+b}{2} \quad \text{C. Q. F. D.}$$

Scholie. Si par le point M on mène MN parallèle à AC, cette ligne MN sera égale à AR, et partagera AD en deux parties égales; donc en remplaçant AR par son égal MN dans l'égalité T=XY.AR, on aura

$$T=XY.MN.$$

Ce qui démontre *que l'aire d'un trapèze est aussi égale à la hauteur de ce trapèze, multipliée par la ligne qui joint les milieux des deux côtés non parallèles.*

PROBLÈME.

8. *Evaluer la surface d'un polygone quelconque.*

Pour résoudre ce problème, on décomposera le polygone en triangles comme dans la fig. 101, ou en triangles et en trapèzes comme dans la fig. 155. On mesurera ensuite les triangles, ou les triangles et les trapèzes, dont on fera la somme, afin d'avoir la surface du polygone. Si par exemple on suppose

Fig. 155.

AP=10^m	AQ=2^m
BP=9	FQ=8
PP'=12	QQ'=16
CP'=14	EQ'=13
DP'=11	DQ'=15 ;

on trouvera

ABP= 45 mètres carrés,	
BCPP'=138 . . .	
DCP'= 77 . . .	
AFQ= 8 . . .	
EFQQ'=168 . . .	
DEQ'= 97, 5 . .	

Total=533, 5 mètres carrés.

La surface du polygone proposé, contient donc 533,5 mètres carrés, ou 5, 335 ares.

THÉORÈME.

9. *Deux triangles qui ont un angle égal, sont entre eux comme les produits des côtés qui comprennent l'angle égal.*

Dans les triangles BAC, *bac*, je suppose A$=a$, et je dis qu'on aura

$$\text{BAC} : bac :: \text{AB.AC} : ab.ac.$$

Sur les côtés AB et AC, je prends AD$=ab$, AE$=ac$, je tire ensuite DE, et le triangle DAE sera égal au triangle *bac*. Je joins maintenant le point D au point C, et je compare le triangle DAC à chacun des triangles BAC, DAE. Les triangles BAC, DAC, ayant même hauteur, car ils ont même sommet C, et leurs bases AB, AD, situées sur la même ligne droite, on aura

$$\frac{\text{BAC}}{\text{DAC}} = \frac{\text{AB}}{\text{AD}}.$$

Les triangles DAC, DAE, ayant aussi même sommet D, et leurs bases AC, AE, situées sur la même ligne droite, on aura également

$$\frac{\text{DAC}}{\text{DAE}} = \frac{\text{AC}}{\text{AE}}.$$

Multipliant ces deux égalités membre à membre, il vient

$$\frac{\text{BAC . DAC}}{\text{DAC . DAE}} = \frac{\text{AB . AC}}{\text{AD . AE}}.$$

Supprimant DAC, facteur commun au numérateur et au dénominateur dans le 1er nombre de l'égalité précédente, et remplaçant ensuite le triangle DAE, par son égal *bac*, et les côtés AD, AE, par leurs égaux *ab*, *ac*, il vient

$$\frac{\text{BAC}}{bac} = \frac{\text{AB.AC}}{ab.ac}, \quad \text{ou BAC} : bac :: \text{AB.AC} : ab.ac.$$

C. Q. F. D.

THÉORÈME.

10. *Deux triangles semblables sont entr'eux comme les carrés des côtés homologues.*

Fig. 121.   Soient les deux triangles BAC, B'A'C', dans lesquels je suppose égaux, les angles marqués des mêmes lettres. Prenant deux côtés homologues quelconques AB, A'B', je dis qu'on aura

$$BAC : B'A'C' :: \overline{AB}^2 : \overline{A'B'}^2.$$

L'angle A étant égal à l'angle A', les triangles proposés donnent

$$\frac{BAC}{B'A'C'} = \frac{AB \cdot AC}{A'B' \cdot A'C'} = \frac{AB}{A'B'} \cdot \frac{AC}{A'C'}.$$

Mais la comparaison des côtés homologues de ces mêmes triangles donne aussi

$$\frac{AB}{A'B'} = \frac{AC}{A'C'};$$

donc

$$\frac{BAC}{B'A'C'} = \frac{AB}{A'B'} \cdot \frac{AB}{A'B'} = \frac{\overline{AB}^2}{\overline{A'B'}^2}, \text{ ou } BAC : B'A'C' :: \overline{AB}^2 : \overline{A'B'}^2.$$

C. Q. F. D.

Corollaire. Si AB est double ou triple etc. de A'B', BAC vaudra 4 fois ou 9 fois etc. le triangle B'A'C'.

THÉORÈME.

11. *Deux polygones semblables sont entr'eux comme les carrés des côtés homologues.*

Fig. 142.   Soient les deux polygones semblables ABCDEF, *abcdef*, dans lesquels je suppose égaux les angles marqués des mêmes lettres. Prenant deux côtés homologues quelconques AB, *ab*, je dis qu'on aura, en nommant S et *s* les aires de ces deux polygones,

$$S : s :: \overline{AB}^2 : \overline{ab}^2.$$

Ayant décomposé les deux polygones en triangles, ainsi

que le montre la figure, les triangles semblablement placés
sont semblables chacun à chacun, et l'on a

$$ABC : abc :: \overline{AC}^2 : \overline{ac}^2.$$

Les triangles semblables ACD, acd, donnent pareillement

$$ACD : acd :: \overline{AC}^2 : \overline{ac}^2.$$

Comparant cette proportion avec celle qui la précède, on
obtient

$$ABC : abc :: ACD : acd.$$

On aura de la même manière

$$ACD : acd :: ADE : ade,$$

et

$$ADE : ade :: AEF : aef;$$

donc on peut écrire,

$$ABC : abc :: ACD : acd :: ADE : ade :: AEF : aef;$$

et de cette suite de rapports égaux, on tire

$$ABC + ACD + \text{etc.} : abc + acd + \text{etc.} :: ABC : abc.$$

Remplaçant $ABC + ACD + \text{etc.}$, et $abc + acd + \text{etc.}$, par S
et s, et observant que $ABC : abc :: \overline{AB}^2 : \overline{ab}^2$, il vient

$$S : s :: \overline{AB}^2 : \overline{ab}^2. \quad \text{C. Q. F. D.}$$

1er *corollaire.* Si AB est double ou triple etc. de ab, S
vaudra 4 fois ou 9 fois etc. l'aire s.

2° *corollaire. Deux polygones réguliers semblables,
sont entr'eux comme les carrés des rayons des cercles inscrits et circonscrits.* En effet, les deux polygones sont
entr'eux comme les carrés des côtés homologues; mais les
côtés homologues, étant entr'eux comme les rayons des
cercles inscrits et circonscrits, les carrés de ces mêmes
côtés sont entr'eux comme les carrés de ces rayons.
Donc, etc.

150

THÉORÈME.

12. *Un polygone régulier a pour mesure son péri-mètre, multiplié par la moitié de l'apothème.*

Fig. 106.

Je considère le polygone régulier ABCD..., composé d'un nombre n de côtés, et du centre O de ce polygone, j'abaisse sur le côté quelconque BC la perpendiculaire OP ; cette perpendiculaire sera l'apothème du polygone. Je joins maintenant avec le point O les divers sommets A, B, C, D, etc.; je décompose ainsi le polygone ABCD..., en n triangles égaux entr'eux, comme ayant leurs trois côtés égaux chacun à chacun ; donc en nommant A l'aire de ce polygone, nous aurons

$$A = n.BOC = n.BC.\tfrac{1}{2}OP = (n.BC)\tfrac{1}{2}OP.$$

Mais dans un polygone régulier tous les côtés étant égaux, n.BC est le périmètre du polygone ; donc en désignant par P ce périmètre, et par r l'apothème, nous aurons

$$A = P.\tfrac{1}{2}r = \tfrac{1}{2}Pr. \qquad \text{C. Q. F. D.}$$

THÉORÈME.

13. *Un cercle a pour mesure sa circonférence, mul-tipliée par la moitié du rayon, ou le rapport de la cir-conférence au diamètre, multiplié par le carré du rayon.*

Fig. 157.

Inscrivons dans le cercle un polygone régulier infinité-simal, et soit AB$=c$ un côté de ce polygone. Ayant mené par les points A et B les tangentes AC, BC, je joins le point de rencontre C avec le centre O par la ligne OC, laquelle sera perpendiculaire sur le milieu de AB. Je remarque maintenant que la surface du cercle surpasse celle du po-lygone, du segment AMB repété autant de fois qu'il y a d'unités dans le nombre infini n, qui exprime combien le polygone a de côtés. En nommant A l'aire du cercle, et a celle du polygone, nous aurons donc

$$A - a = n.(\text{Seg.}^{t}\ AMB).$$

Mais seg.^{t} AMB est$<$ACB, et ACB$=\frac{1}{2}ce$, e désignant la perpendiculaire infiniment petite CP ; donc

XI. 9.

$$\text{Seg.}^t \text{ AMB}<\tfrac{1}{2}ce, \text{ d'où } n.(\text{Seg.}^t \text{ AMB})<\tfrac{1}{2}nce.$$

Or, $\qquad\qquad n.(\text{Seg.}^t \text{ AMB})=\text{A}-a,\qquad\qquad$ donc

$$\text{A}-a \text{ est}<\tfrac{1}{2}nce.$$

Soit maintenant P le périmètre du polygone. On aura évidemment P$=nc$, et en substituant P au lieu de nc dans l'inégalité précédente, elle devient

$$\text{A}-a<\tfrac{1}{2}\text{P}e.$$

Mais $\frac{1}{2}\text{P}e$ est une quantité infiniment petite ; donc la différence entre l'aire du cercle et celle du polygone, est infiniment petite, par conséquent

$$\text{A}=a.$$

Mais $a=\text{P}.\frac{1}{2}r$, r désignant l'apothème du polygone, donc aussi

$$\text{A}=\text{P}.\tfrac{1}{2}r.$$

Remarquons maintenant que P et r ne diffèrent que d'un infiniment petit de la circonférence C, et du rayon R du cercle ; donc enfin,

$$\text{A}=\text{C}.\tfrac{1}{2}\text{R}=\tfrac{1}{2}\text{CR}. \qquad \text{C. Q. F. D.}$$

Rappelons-nous maintenant que C$=2\pi$R ; en substituant cette valeur de C dans l'égalité précédente, elle devient

XI.11 sch.

$$\text{A}=\pi\text{R}^2. \qquad \text{C. Q. F. D.}$$

On démontrerait de la même manière que l'aire du cercle est équivalente à celle d'un polygone régulier infinitésimal circonscrit.

Corollaire. Deux cercles quelconques sont entr'eux comme les carrés de leurs rayons ; car soient A, A$'$, et R, R$'$, les aires et les rayons de ces deux cercles, nous aurons

$$\text{A}=\pi\text{R}^2,\ \text{A}'=\pi\text{R}'^2;$$

d'où l'on tire

$$\text{A} : \text{A}' :: \text{R}^2 : \text{R}'^2.$$

Scholie. En rapprochant de ce qui précède, ce qui a été démontré au n° 10, ch. XI, on est en droit de conclure que, soit par rapport à sa circonférence, soit par rapport à sa surface, *un cercle peut être complètement assimilé à un polygone régulier infinitésimal.*

THÉORÈME.

14. *Un secteur a pour mesure l'arc qui lui sert de base, multiplié par la moitié du rayon.*

Fig. 158. Je représente par a la mesure de l'arc AB rapporté à la même unité que le rayon R du cercle, et je dis qu'on aura

$$\text{Sect.} = \tfrac{1}{2}a\text{R}.$$

Il est évident que le rapport du secteur au cercle, est le même que celui de l'arc de ce secteur à la circonférence; donc

$$\text{Sect.} : \pi\text{R}^2 :: a : 2\pi\text{R};$$

d'où l'on tire

$$\text{Sect.} = \tfrac{1}{2}a\text{R}. \qquad \text{C. Q. F. D.}$$

Supposons maintenant que l'arc du secteur soit de m degrés. Pour évaluer a, je dis : 360° valent la circonférence entière $2\pi\text{R}$; donc 1° a pour valeur $\dfrac{2\pi\text{R}}{360} = \dfrac{\pi\text{R}}{180}$; m degrés vaudront donc $\dfrac{\pi\text{R}m}{180}$. Remplaçant a par cette valeur dans la formule précédente, elle devient

$$\text{Sect.} = \frac{\pi\text{R}^2 m}{360}.$$

En supposant par exemple R$=6^m$, $m=20$ degrés, on trouvera

$$\text{Sect.} = 6{,}2832 \text{ mètres carrés.}$$

Corollaire. Si du secteur on retranche le triangle AOB, on aura la valeur du segment AB.

PROBLÈME.

15. *Construire un carré qui soit équivalent à un parallélogramme ou à un triangle donné.*

153

1° J'appelle b et h la base et la hauteur du parallélogramme donné, et x le côté du carré équivalent à ce parallélogramme; le carré ayant pour mesure x^2, et le parallélogramme bh, nous aurons

$$x^2 = bh;$$

d'où l'on tire

$$b : x :: x : h;$$

et l'on voit que le côté du carré cherché, est une moyenne proportionnelle entre la base et la hauteur du parallélogramme. On cherchera donc la moyenne proportionnelle des lignes b et h; sur cette moyenne proportionnelle, on construira un carré, et le problème sera résolu.

2° On aura le côté du carré équivalent à un triangle donné, en cherchant une moyenne proportionnelle entre la base et la moitié de la hauteur du triangle.

PROBLÈME.

16. *Sur une ligne donnée, construire un rectangle équivalent à un rectangle donné.*

Soient b et h la base et la hauteur du rectangle donné, l la ligne donnée, et x la hauteur inconnue du rectangle qu'il faut construire. Le rectangle donné ayant pour mesure bh, et le rectangle cherché lx, nous aurons

$$lx = bh, \text{ d'où } l : b :: h : x.$$

Et l'on voit qu'on obtiendra la hauteur x du rectangle inconnu, en construisant une quatrième proportionnelle à la ligne donnée l, à la base b, et à la hauteur h du rectangle donné.

PROBLÈME.

17. *Construire un triangle équivalent à un polygone donné.*

Je suppose qu'on veuille convertir le polygone ABCDE en un triangle équivalent. A cet effet, je tire la diagonale AC, et par le point B je mène BF parallèle à AC; joignant

Fig. 159.

21

ensuite le point A au point F, je forme un triangle AFC, équivalent au triangle ABC, comme ayant même base AC que ABC, et même hauteur, car les sommets B et F de ces triangles sont situés sur une même ligne BF, parallèle à la base commune. Le polygone ABCDE est donc équivalent au polygone AFDE, qui renferme un côté de moins, puisque ces deux polygones se composent d'une partie commune ACDE, et d'une partie égale ABC=AFC. Par une construction semblable, je retranche du quadrilatère AFDE, le triangle AED, et je lui substitue le triangle équivalent AGD, obtenu en menant EG parallèle à AD, et tirant ensuite AG. De la sorte, le quadrilatère AFDE se trouvera transformé en un triangle équivalent GAF. Mais le quadrilatère AFDE est équivalent au polygone donné ABCDE, donc aussi le triangle GAF est équivalent à ce dernier polygone. C. Q. F. D.

PROBLÈME.

18. *Construire un carré qui soit équivalent à la somme ou à la différence de deux carrés donnés.*

1° On construira un triangle rectangle, dont les côtés de l'angle droit seront égaux aux côtés des carrés donnés. Le carré de l'hypothénuse du triangle ainsi construit, sera le carré demandé.

2° On construira un triangle rectangle, dont l'un des côtés de l'angle droit sera égal au côté du plus petit carré, et dont l'hypothénuse sera égale au côté de l'autre carré. Le carré construit sur le second côté de l'angle droit de ce triangle, sera le carré demande.

Scholie. A l'aide de ce problème, on construira sans peine un carré équivalent à la somme de tant de carrés qu'on voudra.

THÉORÈME.

19. *Si sur les trois côtés d'un triangle rectangle, considérés comme côtés homologues, on construit trois fi-*

155

gures semblables, la figure construite sur l'hypothénuse sera équivalente à la somme des deux autres.

Soient a et b les deux côtés de l'angle droit, et h l'hypothénuse d'un triangle rectangle quelconque. Ayant construit trois figures semblables A, B, H, sur les trois côtés a, b, h, considérés comme côtés homologues, je dis qu'on aura

$$H = A + B.$$

Les figures semblables A et B, sont entr'elles comme les carrés des côtés homologues a et b. Donc

$$A : B :: a^2 : b^2,$$

augmentant chaque antécédent de son conséquent, il vient

$$A + B : B :: a^2 + b^2 : b^2 \text{ ou } A + B : B :: h^2 : b^2,$$

car $h^2 = a^2 + b^2$. Les figures H et B étant aussi semblables, sont entr'elles comme les carrés des côtés homologues h et b; donc

$$H : B :: h^2 : b^2.$$

Comparant cette proportion avec celle qui la précède, et observant que ces deux proportions ont leurs trois derniers termes égaux chacun à chacun, on conclut

$$H = A + B. \quad \text{C. Q. F. D.}$$

Corollaire. A l'aide de ce théorème, on construira sans peine une figure égale à la somme ou à la différence de deux figures semblables données, et qui sera semblable à chacune de ces figures.

20. *Enoncés de questions à résoudre.*

I. Evaluer en mètres carrés : 1° l'hectomètre carré, 2° le décamètre carré, 3° le décimètre carré, 4° le centimètre carré, etc.

Evaluer aussi le décimètre carré en centimètres carrés; le centimètre carré en millimètres carrés, etc.

Convertir en décamètres carrés, hectomètres carrés, etc., (ou en ares, hectares, etc.), et en décimètres carrés, centimètres carrés, millimètres carrés, etc., une quantité de mètres carrés, exprimée par un nombre décimal.

II. La surface d'un triangle est de 100 mètres carrés, la base de ce triangle est de 40 mètres. Quelle est sa hauteur? *Rép.* 5 mètres.

III. La surface d'un champ de forme carrée, est de 40 hect., 83 ares, 21 m.c. Quelle est en mètres la plus petite et la plus grande dimension de ce champ? *Rép.* 639 et 903, 68 mètres.

IV. La surface d'un rectangle est de 1728 mètres carrés, sa hauteur est de 64 mètres. Quelle est sa base? *Rép.* 27 mètres.

V. La circonférence d'un cercle est de 62,832 mètres. Trouver le rayon et la surface de ce cercle? *Rép.* rayon=10 mètres, surface=314,16 mètres carrés.

VI. Décrire un cercle qui soit équivalent à la somme ou à la différence de deux cercles donnés.

VII. La hauteur d'un mur en talus est de 5 mètres, la base du talus est de 3 mètres. Quelle est la longueur du talus? *Rép.* 5,83 mètres.

VIII. Une échelle de 10 mètres de longueur est dressée contre un mur perpendiculaire, de telle sorte que la distance du pied de l'échelle au pied du mur, est de 6 mètres. A quelle hauteur le sommet de l'échelle arrive-t-il? *Rép.* A 8 mètres.

IX. Connaissant les trois côtés a, b, c, d'un triangle, trouver sa surface. En faisant $a+b+c=p$, on devra obtenir pour la surface S du triangle,

$$S=\sqrt{\tfrac{1}{2}p(\tfrac{1}{2}p-a)(\tfrac{1}{2}p-b)(\tfrac{1}{2}p-c)}.$$

X. Construire une figure semblable à une figure donnée, et équivalente à une autre figure aussi donnée.

XI. Construire un carré qui soit à un carré donné, comme une ligne m est à une autre ligne n.

XII. Construire une figure semblable à une figure donnée, et qui soit à cette figure comme une ligne *m* est à une autre ligne *n*.

DEUXIÈME PARTIE.

GÉOMÉTRIE DANS L'ESPACE.

CHAPITRE XIII.

Propriétés générales des droites perpendiculaires et obliques à un plan. — Des angles dièdres et des plans perpendiculaires entr'eux. — Des plans parallèles. — Des angles trièdres et polyèdres.

1. Une droite est dite *perpendiculaire* à un plan, lorsqu'elle est perpendiculaire à toutes *les droites qui passent par son pied dans ce plan*. Réciproquement le plan est dit *perpendiculaire* à la ligne. Le pied de la perpendiculaire est le point où cette ligne rencontre le plan.

Une ligne est dite *parallèle* à un plan, lorsqu'elle ne peut le rencontrer à quelque distance qu'on les prolonge l'un et l'autre. Réciproquement le plan est dit *parallèle* à la ligne.

Deux plans sont dits *parallèles*, lorsqu'ils ne peuvent se rencontrer à quelque distance qu'on les prolonge l'un et l'autre.

Il sera démontré que deux plans qui se rencontrent, se coupent toujours suivant une ligne droite : cela posé, quand deux plans se rencontrent, *les parties de ces plans terminées à l'intersection commune, comprennent une ouverture plus ou moins grande, que l'on nomme angle dièdre*. On nomme aussi *arête* d'un angle dièdre, la droite d'intersection des plans qui composent cet angle.

J'appelerai *module* d'un angle dièdre en un point donné de l'arète de cet angle, l'angle plan formé au point donné par deux droites perpendiculaires à l'arète, et menées dans les deux plans de l'angle dièdre. Ainsi, dans l'angle dièdre CDAB*cd*, si la ligne AC, située dans le plan ABCD, est perpendiculaire à l'arète AB; pareillement si la droite A*c* située dans le plan AB*cd*, est aussi perpendiculaire à l'arète AB, l'angle CA*c* sera le *module* au point A de l'angle dièdre que nous considérons. En faisant les mêmes hypothèses à l'égard des lignes BD, B*d*, l'angle DB*d* sera le *module* du même angle dièdre au point B.

Un angle solide est l'espace angulaire compris entre plusieurs plans qui se réunissent en un même point. Quand cet angle est composé de trois plans seulement, il se nomme angle *trièdre*, et angle *polyèdre* quand il est composé de plus de trois plans. Les angles plans qui composent un angle solide, sont les *faces* de cet angle, et les lignes d'intersection de ces faces, sont les *arètes* de l'angle solide. Un angle solide est dit *convexe*, quand sa surface ne peut être rencontrée en plus de deux points, par une ligne droite différente de chacune des arètes de cet angle.

Un angle trièdre est nécessairement convexe.

Dans la suite de ce traité, nous désignerons généralement un plan par une portion finie de sa surface, et le plus souvent nous ferons servir le *quadrilatère* à cette désignation. Mais quel que soit le mode de représentation employé, on devra toujours supposer le plan prolongé indéfiniment et dans tous les sens, au-delà des limites qu'on semblera lui assigner.

(Nota.) Il ne sera question dans ce traité que d'angles solides *convexes*.

THÉORÈME.

2. *On peut toujours faire passer un plan par deux droites qui se coupent, mais on n'en peut faire passer qu'un.*

Soient AB, AC, deux droites qui se coupent en A, et concevons un plan qui contienne l'une de ces droites, AB par exemple. En faisant tourner ce plan autour de AB, comme pour lui faire exécuter une révolution entière, il arrivera nécessairement un moment où ce plan rencontrera au moins un second point de AC; à cet instant, la droite AC aura deux de ses points dans ce plan, et y sera situéc tout entière. Donc, on peut toujours faire passer un plan par deux droites qui se coupent.

Fig. 161.

II. 3.

Je dis maintenant qu'on n'en peut faire passer qu'un.

Nommons *premier plan* le plan dont il vient d'être parlé, et supposons qu'un second plan puisse passer par les droites AB, AC.

Dans le premier plan, je prends un point quelconque M, et par ce point je tire une droite MX, qui rencontre les lignes AB, AC, aux points R et S. Comme par hypothèse, les droites AB, AC, sont situées dans le 2e plan, les points R et S de MX sont également situés dans ce 2e plan; MX est donc située tout entière dans le 2e plan, à cause qu'elle y a deux de ses points. Le point quelconque M est donc à la fois dans les deux plans; par conséquent, ces deux plans coïncident dans toute leur étendue, puisque chaque point de l'un est située sur l'autre.

1er *corollaire*. *Par trois points donnés* A, B, C, *non en ligne droite, on peut toujours faire passer un plan, mais on n'en peut faire passer qu'un.* Tirant les droites AB, AC, on aura deux droites qui se coupent. Le plan de ces droites contiendra donc les trois points donnés. De plus, tout autre plan passant par les points A, B, C, contenant AB et AC, coïncidera avec le premier plan.

2e *corollaire. Par deux droites parallèles, on ne peut faire passer qu'un seul plan.*

Nommons *premier plan* le plan dans lequel sont tracées les deux parallèles, et concevons un second qui contienne ces deux lignes. Tirant la sécante EF, cette ligne sera toute

Fig. 51.

entière dans les deux plans ; donc les deux plans coïncideront , car ils contiendront deux droites qui se coupent.

THÉORÈME.

3. *Deux plans qui se rencontrent , se coupent toujours
suivant une ligne droite.*

Si la ligne d'intersection des deux plans , n'était pas une
ligne droite , on pourrait prendre sur cette intersection trois
points qui ne seraient pas en ligne droite ; mais alors les
deux plans , passant par ces trois points , coïncideraient
parfaitement. Donc, etc.

THÉORÈME.

Fig. 162.

4. *En chaque point* A *d'un plan* MN *, il existe au
moins deux lignes* AX, AY, *situées dans ce plan, auxquelles une troisième ligne* BA, *passant par le point* A,
est en même temps perpendiculaire.

Ayant pris une ligne B′A′, je mène sur cette ligne, par
un point quelconque A′, deux perpendiculaires A′X′, A′Y′,
et par ces deux lignes qui se coupent, je conduis un plan
M′N′. Supposant ensuite liés d'une manière invariable, le
plan M′N′, et les droites qui passent par le point A′, je
transporte le système entier de ce plan et des trois droites
sur le plan MN ; j'applique le point A′ au point A, et je fais
coïncider les deux plans ; cette coïncidence opérée, les
droites A′X′, A′Y′, appartiendront au plan MN dans lequel elles prendront certaines directions AX, AY ; en même
temps , la ligne B′A′ prendra une position certaine BA,
dans laquelle elle sera perpendiculaire aux droites AX, AY.
Donc, etc.

THÉORÈME.

Fig. 163.

5. *Lorsqu'une ligne* CD *a deux de ses points* C *et* D ,
également distants des deux extrémités A *et* B *d'une
autre droite* AB, *tout autre point* M *de la première ligne*
CD , *est également distant des mêmes extrémités* A *et* B.

(Ce théorème ayant été démontré pour le cas de deux lignes situées dans un même plan, il reste à examiner le cas où les deux lignes sont placées d'une manière quelconque dans l'espace.)

V. 6. cor. 2.

Ainsi je suppose

$$AC=BC, \; AD=BD,$$

et je dis qu'on aura

$$AM=BM.$$

Les triangles ACD, BCD, ayant leurs trois côtés égaux chacun à chacun, sont égaux ; donc l'angle ACM de l'un de ces triangles, est égal à l'angle BCM de l'autre. Les triangles ACM, BCM, sont donc aussi égaux comme ayant un angle égal, compris entre deux côtés égaux chacun à chacun ; par suite

$$AM=BM. \qquad C. \; Q. \; F. \; D.$$

Scholie. La démonstration serait la même si le point M était pris sur le prolongement de CD.

THÉORÈME.

6. *Lorsqu'une ligne* AB *qui rencontre un plan* MN *, est perpendiculaire à deux droites* BX, BY *, passant par son pied dans ce plan, cette ligne* AB *est perpendiculaire au plan.*

Fig. 164.

Par le point B je tire dans le plan MN une ligne quelconque BZ, et je dis que AB sera perpendiculaire à cette ligne. Ayant pris un point quelconque R sur BZ, je tire par le point R une droite qui rencontre en C et D les lignes BX, BY, et je prolonge ensuite AB d'une quantité EB=AB. BX étant par hypothèse perpendiculaire sur le milieu de AE, chaque point de BX est également distant de A et de E ; donc le point C est également distant de A et de E. Par la même raison, le point D est également distant de A et dé E, donc tous les points de CD sont également distants de A et de E ; le point R de la ligne BZ est donc aussi éga-

5.

lement distant de A et de E. Mais les lignes BZ, AE, qui se rencontrent, sont situées dans un même plan, et l'une d'elles BZ, a deux de ses points B et R également distants des deux extrémités de l'autre ligne AE, donc BZ est per-

V. 6. cor. 2. pendiculaire au point B sur AE ou sur AB.   C. Q. F. D.

1er corollaire. Si l'on mène autour d'un point quel-

Fig. 164. *conque B d'une droite AE, tant de perpendiculaires qu'on voudra; toutes ces perpendiculaires seront situées dans un plan MN, perpendiculaire au point B sur la droite AE.* Car, supposons que l'une BX de ces perpendiculaires ne soit pas située dans le plan MN ; en conduisant un plan par les droites AB, BX, ce plan coupera le plan MN suivant une certaine droite BZ, à laquelle AE sera perpendiculaire. Donc, on aura dans le plan des droites AB, BX, deux droites BX, BZ, perpendiculaires au point B sur la même droite AE, ce qui est absurde. Donc, etc.

2e corollaire. Par un point B pris sur une droite AE, on ne saurait mener sur AE qu'un seul plan perpendiculaire. Car si l'on pouvait en mener deux, ces deux plans contiendraient toutes les perpendiculaires élevées par le point B sur la droite AE, et coïncideraient parfaitement,

2. puisqu'il suffit de deux droites qui se coupent, pour déterminer la position d'un plan.

Scholie. BZ étant supposée perpendiculaire sur la droite AE, si BZ tourne autour du point E en restant toujours perpendiculaire sur AE, cette ligne BZ décrira un plan perpendiculaire au point B sur la droite AE.

THÉORÈME.

7. *D'un point pris hors d'un plan ou sur plan, on ne saurait abaisser ou élever sur ce plan, plus d'une perpendiculaire.*

Fig. 165. 1° Si d'un point A extérieur au plan MN, on pouvait mener sur ce plan deux perpendiculaires AB, AC, en tirant BC, on formerait un triangle BAC ayant deux angles droits, ce qui est absurde. Donc, etc.

163

2° Supposons pour un instant, que d'un point C pris sur Fig. 166. un plan MN, on puisse élever sur ce plan deux perpendiculaires CA, CB. Par les droites CA, CB, conduisant un plan PQ, ce plan coupera le plan MN suivant une droite CQ passant par le point C, et à laquelle les lignes CA, CB, seront en même temps perpendiculaires ; mais alors dans ce plan PQ, on aura deux droites CA, CB, perpendiculaires au même point C, sur une ligne CQ située dans ce plan, ce qui est absurde. Donc, etc.

8. Si d'un point A pris hors d'un plan MN, on abaisse Fig. 167. sur ce plan une perpendiculaire AP, et différentes obliques AB, AC, AD, à différents points du plan MN,

1° *La perpendiculaire* AP *est plus courte que toute oblique* AB.

2° *Deux obliques* AB, AC, *qui s'écartent également du pied* P *de la perpendiculaire, sont égales.*

3° *De deux obliques* AD, AB, *menées comme on voudra, celle qui s'écarte le plus du pied de la perpendiculaire, est la plus grande.*

1° Le triangle APB étant rectangle en P, et l'hypothénuse d'un triangle rectangle étant le plus grand des côtés de ce triangle, il en résulte que

$$AP \text{ est } < AB.$$

2° Les triangles rectangles APB, APC, sont égaux, comme ayant deux côtés égaux chacun à chacun, par conséquent

$$AB = AC.$$

3° Je suppose PD > PB ; je prends PE = PB, et je tire l'oblique AE, laquelle sera égale à AB ; mais la ligne AP étant perpendiculaire au plan MN, est perpendiculaire à la droite DP, qui passe par son pied dans ce plan ; donc les lignes AE, AD, qui sont situées dans le plan des droites AP, DP, sont obliques sur PD. Or, dans un plan, quand deux obliques s'écartent inégalement du pied de la perpendiculaire, la plus grande est celle qui s'en écarte le plus ; donc l'oblique AD est plus grande que AE ; mais AE=AB, donc aussi

$$AD > AB. \quad C. \; Q. \; F. \; D.$$

1er *corollaire*. Puisque la perpendiculaire AP est plus courte que toute oblique AB, il s'ensuit que AP mesure la vraie distance du point A au plan MN.

Fig. 168.

2e *corollaire*. D'un point A pris hors d'un plan MN, ayant abaissé sur ce plan une perpendiculaire, si du pied P de cette perpendiculaire, on décrit dans le plan MN une circonférence quelconque, tous les points de cette circonférence seront également éloignés du point A, car toutes les obliques AB, AC, AD, etc., émanant du point A, et aboutissant aux divers points de la circonférence, s'écarteront également du point P. A l'égard d'un point E, extérieur ou intérieur à cette circonférence, sa distance au point A sera plus grande ou moindre que l'une AB des obliques, car l'oblique AE qui mesure la distance du point A au point E, s'écartera du point P, plus ou moins que l'oblique AB. Donc, si la distance au point A de tout point C, pris dans le plan MN, est égale à l'oblique AB, le point C sera situé sur la circonférence décrite du point P avec PB pour rayon.

Fig. 169.

3e *corollaire*. La propriété d'être également distants de tous les points de la circonférence BCD, appartient aussi à tous les autres points de la perpendiculaire AP, et n'appartient qu'aux points de cette ligne ; car soit E un point quelconque pris en dehors de AP. Faisant passer un plan RB par le point E, et par la droite AP, ce plan coupera le cercle BCD suivant un diamètre BD, sur le milieu duquel AP sera perpendiculaire. Par conséquent, le point E, extérieur à la droite AP, et situé dans le plan RB, sera inégalement distant de B et de D. Donc, etc.

165

9. *Si une ligne* AP *est le plus court chemin d'un point* Fig. 167.
A *à un plan* MN, AP *sera perpendiculaire sur ce plan.*
Car si AP n'était pas perpendiculaire sur le plan MN,
AP ne serait pas le plus court chemin du point A à ce plan,
ce qui est contre l'hypothèse.

10. Si d'un point A situé hors d'un plan MN, on mène Fig. 167.
sur ce plan une perpendiculaire AP, et différentes obliques
AB, AC, AD, à différents points de ce plan ;
1° *Deux obliques égales* AB, AC, *s'écartent également*
du pied P *de la perpendiculaire.*
2 *Deux obliques inégales* AB, AD, *s'écartent inégale-*
ment du point P ; *la plus petite* AB *est celle qui s'en écarte*
le moins.
1° Si la distance PB n'était pas égale à la distance PC,
les obliques AB, AC, s'écarteraient inégalement du point
P, et ne seraient pas égales, ce qui est contre l'hypothèse.
2° Pour démontrer que la distance PB est$<$PD, il suffit
de faire voir que PB n'est ni égale à PD, ni plus grande que
PD ; d'abord, PB n'est pas égale à PD, car si cela était,
AB serait égale à AD, ce qui est contre l'hypothèse. PB
n'est pas non plus$>$PD, car alors AB serait$>$AD, ce qui
est encore contre l'hypothèse ; donc nécessairement

$$\text{PB est}<\text{PD.} \qquad \text{C. Q. F. D.}$$

11. *Si un point* A *situé hors d'un plan* MN, *est égale-*
ment distant de trois points B, C, D, *pris dans ce plan,* Fig. 168.
le centre du cercle passant par ces trois points, sera le
pied de la perpendiculaire abaissée du point A *sur le*
plan MN.
Pour démontrer ce théorème, j'abaisse du point A sur le

plan MN, la perpendiculaire AP, et du pied P de cette perpendiculaire avec PB pour rayon, je décris une circonférence dans le plan MN. Tous les points et rien que les points de cette circonférence, seront éloignés du point A d'une quantité égale à AB. Or, la distance au point A des points C et D est égale à AB; donc, la circonférence décrite du point P avec PB pour rayon, passe aussi par les points C et D. Donc, etc.

8. Cor. 2.

PROBLÈME.

12. *D'un point pris sur un plan ou hors d'un plan, élever ou abaisser une perpendiculaire à ce plan.*

1° Ayant tracé dans le plan, par le point donné, deux lignes sous un angle quelconque, on dirigera suivant ces lignes, les côtés de deux équerres, dont l'angle droit aura son sommet au point donné. Cela fait, on fera tourner les équerres autour de ces lignes, jusqu'à ce que les deux autres côtés de l'angle droit soient en coïncidence; à cet instant, l'intersection commune des deux équerres sera perpendiculaire au plan, comme étant perpendiculaire à deux droites passant par son pied dans ce plan.

2° On marquera dans le plan, à l'aide d'une règle ou d'un cordeau, trois points également distants du point donné, et l'on déterminera le centre du cercle passant par ces trois points. Ce centre sera le pied de la perpendiculaire abaissée du point donné sur le plan.

THÉORÈME.

Fig. 171.

13. *Étant données, deux lignes AP, BC, l'une abaissée perpendiculairement sur un plan MN d'un point extérieur A, l'autre située dans ce plan; si du pied P de la perpendiculaire, on mène dans le plan une ligne PD, perpendiculaire à BC, et qu'on joigne le point A au point D par une droite AD, la ligne de jonction AD sera perpendiculaire à BC.*

A droite et à gauche du point D, je prends les distances égales DB, DC; je joins avec les points B et C, chacun des points P et A , et j'observe que les lignes PB, PC, sont égales ainsi que les lignes AB, AC: les 1res comme obliques s'écartant également du pied D de la perpendiculaire PD, les 2es comme obliques s'écartant également du pied P de la perpendiculaire AP. Le triangle BAC est donc isocèle ; et comme la ligne AD est menée du sommet de ce triangle au milieu de la base , il s'ensuit qu'elle est perpendiculaire à cette base.   C. Q. F. D.

PROBLÈME.

14. *D'un point* A *pris hors d'un plan* MN *, abaisser une perpendiculaire sur une droite* BC *située dans ce plan.*

Fig. 171.

Pour résoudre ce problème, on déterminera d'abord le pied P de la perpendiculaire abaissée du point A sur le plan MN ; ensuite, du point P on mènera PD perpendiculaire à BC. Le point D sera le pied de la perpendiculaire cherchée.

12. 2° cas.

THÉORÈME.

15. *Quand une droite* AP *est perpendiculaire à un plan* MN *, toute ligne* BQ *parallèle à* AP *, est perpendiculaire au même plan.*

Fig. 172.

Le plan qui contient les parallèles AP, BQ, coupe le plan MN suivant la droite PQ ; or, comme AP est perpendiculaire à PQ, BQ est aussi perpendiculaire à PQ. La ligne BQ étant perpendiculaire à une droite passant par son pied dans le plan MN, il reste à faire voir qu'elle est perpendiculaire à une autre droite passant par le point Q dans le même plan. A cet effet, par le point Q je mène dans ce plan, CD perpendiculaire à PQ, et je joins le point A au point Q. En vertu du n° 13 de ce chapitre , la ligne AQ est perpendiculaire à CD ; mais la ligne AQ est située toute entière dans le plan des deux parallèles, puisqu'elle a dans ce plan deux de ses points A et Q ; CD est donc perpendiculaire au plan APQB , puisqu'elle est perpendiculaire à deux droites qui se croisent à son pied dans ce plan ; donc CD est aussi perpendiculaire à BQ, réciproquement BQ est perpendiculaire à CD ; donc BQ est perpendiculaire au plan MN. C. Q. F. D.

THÉORÈME.

Fig. 173.

16. *Réciproquement, deux droites* AP, BQ, *perpendiculaires à un même plan* MN, *sont parallèles.*

Si BQ n'était pas parallèle à AP, ou pourrait par le point Q, mener QX parallèle à AP ; mais alors QX serait perpen-

15. diculaire au plan MN. Donc on pourrait, d'un même point Q, et sur un même plan MN, élever deux perpendiculaires

7. QB, QX, ce qui est impossible. Donc, etc.

THÉORÈME.

Fig. 174.

17. *Deux droites* BX, CY, *parallèles à une troisième droite* AZ, *sont parallèles entr'elles.*

(Ce théorème ayant été démontré (VI. 4.) pour le cas de trois lignes situées dans un même plan, je n'examinerai que le cas où les trois lignes données auront une position quelconque dans l'espace.)

Perpendiculairement à AZ, je conduis un plan MN. Comme les lignes BX, CY, sont parallèles à AZ, ces deux

15. lignes seront perpendiculaires au plan MN, et par consé-
16. quent parallèles.   C. Q. F. D.

THÉORÈME.

Fig. 175.

18. *Quand une ligne* AB *située hors d'un plan* MN, *est parallèle à une droite* QR *située dans ce plan, cette ligne* AB *est parallèle au plan.*

Le plan PQ des parallèles AB, QR, coupe le plan MN suivant la droite QR. Or, si la ligne AB rencontrait le plan MN, comme AB est située toute entière dans le plan PQ, le point d'intersection de la ligne AB et du plan MN, appartiendrait à la fois au plan PQ et au plan MN. Par conséquent, ce point d'intersection serait situé sur la droite QR, ce qui est impossible, puisque les lignes AB, QR, sont supposées parallèles. Donc, etc.

THÉORÈME.

19. *Réciproquement, tout plan* PQ *non parallèle à un plan* MN, *et conduit suivant une droite* AB *parallèle au* Fig. 175. *plan* MN, *rencontre ce dernier plan suivant une ligne* QR *parallèle à* AB.

En effet, si AB pouvait rencontrer QR, AB rencontrerait aussi le plan MN, ce qui est contre l'hypothèse. Donc, etc.

THÉORÈME.

20. *Deux angles sont égaux, quand ils ont les côtés parallèles chacun à chacun, et dirigés dans le même sens ou en sens contraire ; ils sont inégaux lorsqu'ayant les côtés parallèles, l'un de ces côtés n'est pas dirigé dans le sens de celui qui lui est parallèle.*

(Comme ce théorème a déjà été démontré (VI. 9) pour deux angles situés dans un même plan, je supposerai que les angles dont il s'agit, sont placés d'une manière quelconque dans l'espace ; et comme en géométrie plane, j'admettrai aussi que ces mêmes angles ne sont pas droits.)

1° Considérons les angles BAC, *bac*, qui ont leurs côtés AB, *ab*, parallèles ainsi que AC, *ac*. Je prends AB=*ab*, Fig. 176. AC=*ac*, je tire les lignes BC, *bc*, et je forme ainsi deux triangles ABC, *abc*, que je dis être égaux. Tirant les lignes A*a*, B*b*, C*c*, j'observe que dans le quadrilatère AB*ab*, les côtés opposés AB, *ab*, sont égaux et parallèles, d'où il suit que les deux autres côtés A*a*, B*b*, sont pareillement égaux et parallèles ; de même, dans le quadrilatère AC*ac*, les côtés opposés AC, *ac*, étant égaux et parallèles, les deux autres côtés A*a*, C*c*, sont aussi égaux et parallèles. Les côtés B*b*, C*c*, étant égaux et parallèles au même côté A*a*, sont à leur tour égaux et parallèles ; donc BC est égal et parallèle au côté *bc*. Les triangles ABC, *abc*, ont ainsi leurs trois côtés égaux chacun à chacun ; par conséquent les angles BAC, *bac*, sont égaux. C. Q. F. D.

2° Je suppose qu'il soit question maintenant des angles BAC, DaE, qui ont leurs côtés parallèles, mais dirigés en sens contraire. Prolongeant Da et Ea, je forme bac=BAC, car ces angles rentrent dans le cas qui vient d'être examiné; mais DaE=bac, donc aussi DaE=BAC.   C. Q. F. D.

3° Je considère les angles BAC, Dab, qui ont leurs côtés parallèles, et qui sont tels que les côtés AC, aD, sont dirigés en sens contraire. Comme par hypothèse l'angle Dab n'est pas droit, il est inégal à son supplémentaire bac; mais bac=BAC; donc aussi Dab est inégal à BAC.   C. Q. F. D.

PROBLÈME.

21. *Mesurer au moyen des ombres, la hauteur* AS *d'une tour.*

Pendant un moment de soleil, on fixera verticalement dans le sol, un bâton as d'une grandeur connue, et l'on mesurera les longueurs AB, ab, des ombres de la tour et du bâton. Cela fait, on établira la proportion

$$ab : AB :: as : AS,$$

d'où l'on tire

$$AS = \frac{AB \cdot as}{ab}.$$

La proportion précédente suppose que les deux triangles asb, ASB, sont semblables, et cette similitude est facile à établir. D'abord, les lignes verticales as, AS, qui sont peu éloignées l'une de l'autre, peuvent être regardées comme parallèles, puisqu'elles vont concourir au centre de la terre dont le rayon est de 1400 lieues. Il en est de même des lignes BS, bs, qui vont se rencontrer au soleil, c'est-à-dire à 34000000 millions de lieues. Les angles s, S, sont donc égaux, et par suite, les triangles rectangles asb, ASB, sont semblables.

En supposant AB=60^m, ab=2^m, as=1^m, dans la formule qui donne la valeur de AS, on trouvera

$$AS = 30 \text{ mètres.}$$

THÉORÈME.

22. *Un angle dièdre a le même module en chaque point de son arête.*

Aux points quelconques A et B de l'arête d'un angle dièdre CDABcd, je construis les modules CAc, DBd, de cet angle dièdre, et je dis que ces modules seront égaux. Les lignes AC, BD, sont parallèles, puisque, étant situées dans le même plan ABCD, elles sont, par construction, perpendiculaires sur AB. Par la même raison, les lignes Ac, Bd, sont parallèles ; donc les angles CAc, DBd, sont égaux, comme ayant leurs côtés parallèles et dirigés dans le même sens. Donc, un angle dièdre a partout le même module, ou en d'autres termes, n'a qu'un *seul module.* C. Q. F. D.

THÉORÈME.

23. *Deux angles dièdres sont égaux, quand ils ont des modules égaux.*

Soient les deux angles dièdres CDABcd, C$'$D$'$A$'$B$'c'd'$, ayant leurs modules CAc, C$'$A$'c'$, égaux. J'observe d'abord que l'arête AB est perpendiculaire au plan qui contient l'angle CAc, et que l'arête A$'$B$'$ est perpendiculaire au plan qui contient l'angle C$'$A$'c'$. Ces deux arêtes sont en effet respectivement perpendiculaires à deux droites qui se croisent à leur pied, dans les plans CAc, C$'$A$'c'$. Je transporte maintenant l'angle dièdre C$'$D$'$A$'$B$'c'd'$ sur l'autre, j'applique le point A$'$ au point A, et je fais coïncider l'angle C$'$A$'c'$ avec son égal CAc ; cette coïncidence opérée, les plans de ces deux angles n'en feront qu'un. Mais pendant le déplacement de l'angle dièdre C$'$D$'$A$'$B$'c'd'$, la ligne A$'$B$'$ n'a pas cessé d'être perpendiculaire sur le plan C$'$A$'c'$; donc après la superposition des plans C$'$A$'c'$, CAc, A$'$B$'$ sera perpendiculaire au point A sur le plan CAc ; il faudra donc que A$'$B$'$ prenne la direction AB. Le plan A$'$B$'$C$'$D$'$ coïncidera donc avec le plan ABCD, et le plan A$'$B$'c'd'$ avec le plan ABcd. Donc, les angles dièdres seront égaux.

THÉORÈME.

24. *La mesure du module d'un angle dièdre quel-conque, exprime le rapport de cet angle dièdre, à l'angle dièdre qui a pour module l'unité d'angle.*

Fig. 179. Soit CDABcd un angle dièdre quelconque, et m la mesure de son module; soit aussi $C'D'A'B'c'd'$ un autre angle dièdre, dont le module $C'A'c'=1$. En nommant D et β les nombres qui servent de mesure à ces angles dièdres, je dis qu'on aura

$$\frac{D}{\beta}=m.$$

Je partage l'angle $C'A'c'$ en un nombre infini d de parties égales infiniment petites; l'angle CAc contiendra un nombre infini n de ces parties, et l'on aura

$$m=\frac{n}{d}.$$

Soient Ax, Ay..., et $A'x'$, $A'y'$..., les lignes qui partagent les angles CAc, $C'A'c'$, en n et d parties égales. Les lignes Ax, Ay..., seront perpendiculaires à l'arète AB, et les lignes $A'x'$, $A'y'$..., à l'arète $A'B'$. Cela posé, si l'on conduit des plans par chacune des arètes AB, A'B', et par les lignes de division des angles CAc, $C'A'c'$, ces plans décomposeront les angles dièdres D, β, en n et d petits angles dièdres égaux entr'eux, comme ayant chacun pour module, la commune mesure infiniment petite des angles CAc, C'A'c'. Donc, en nommant p la mesure de ces petits angles dièdres, nous aurons

$$D=np, \quad \beta=dp.$$

Divisant D par β, et supprimant au numérateur et au dénominateur, le facteur commun p, il vient

$$\frac{D}{\beta}=\frac{n}{d}.$$

Mais $m=\dfrac{n}{d}$; par conséquent

$$\frac{D}{\beta}=m. \qquad \text{C. Q. F. D.}$$

THÉORÈME.

25. *Deux angles dièdres quelconques, sont entr'eux comme leurs modules.*

Soient D et D' ces deux angles dièdres, et β celui dont le module est l'unité d'angle ; en nommant m et m' les modules des angles dièdres D et D', nous aurons

$$\frac{D}{\beta}=m,\frac{D}{\beta}=m'.$$

Divisant ces deux égalités membre à membre, il vient

$$\frac{D}{D'}=\frac{m}{m'}. \qquad \text{C. F. Q. D.}$$

THÉORÈME.

26. *Tout angle dièdre a pour mesure son module, pourvu qu'on prenne pour unité l'angle dièdre dont le module est l'unité d'angle.*

Soit D l'angle dièdre que l'on considère, et β celui dont le module est l'unité d'angle ; en désignant toujours par m le module de D, l'on a

$$\frac{D}{\beta}=m.$$

Donc en prenant β pour unité d'angle, et faisant en conséquence $\beta=1$ dans l'égalité précédente, elle devient

$$D=m.$$

Ce qui fait voir qu'un angle dièdre et son module, ont tous deux la même mesure. Donc, si le module de l'angle D contient, par exemple, 25 unités d'angle, le nombre abstrait 25 sera la mesure de ce module, et aussi la mesure de l'angle D ; de sorte que l'angle D vaudra 25 angles dièdres, égaux à celui dont le module est l'unité d'angle.

174

Corollaire. Lorsqu'un angle dièdre a pour module un angle droit, on dit que les plans de cet angle dièdre sont *perpendiculaires* entr'eux, et qu'ils forment un angle *dièdre droit*: cela posé,

1° *Les angles dièdres droits sont tous égaux entr'eux.*

2° *Lorsqu'un plan en rencontre un autre, il forme avec celui-ci deux angles dièdres adjacents, dont la somme égale deux angles dièdres droits.*

3° *Deux angles dièdres sont égaux, quand leurs modules sont opposés par le sommet.*

4° *Quand deux plans parallèles sont coupés par un troisième, les angles dièdres formés par ces trois plans sont égaux, si ces angles sont*

  ou correspondants,

  ou alternes internes,

  ou alternes externes, etc.

THÉORÈME.

Fig. 180. **27.** *Si une ligne* AB *est perpendiculaire à un plan* MN*, tout plan* PQ *conduit suivant* AB*, sera perpendiculaire au même plan.*

Par le point B, j'élève dans le plan MN une ligne BX, perpendiculaire à l'intersection BQ des deux plans. Comme AB est perpendiculaire au plan MN, cette ligne est perpendiculaire à la fois aux lignes BQ, BX. L'angle ABX est donc droit; de plus, il est le module de l'angle dièdre des plans PQ, MN. Donc, ces deux plans sont perpendiculaires entr'eux. C. Q. F. D.

THÉORÈME.

28. *Réciproquement, si deux plans sont perpendiculaires, toute ligne menée dans l'un d'eux, perpendiculairement à l'intersection commune, est perpendiculaire à l'autre plan.*

Fig. 180. Soient MN, PQ, deux plans perpendiculaires, et AB une ligne perpendiculaire à l'intersection BQ de ces plans, et située dans l'un d'eux PQ. Je dis que AB sera aussi perpendiculaire au plan MN. Au point B j'élève dans le plan MN, BX perpendiculaire à BQ; comme les plans PQ, MN, sont perpendiculaires, et que l'angle ABX est le module de leur inclinaison, l'angle ABX est droit, et AB est perpendiculaire à BX. Mais AB est déjà, par hypothèse, perpendiculaire à BQ; donc AB est perpendiculaire au plan MN. C. Q. F. D.

6.

1er *corollaire. Quand deux plans sont perpendiculaires, si d'un point quelconque de l'un d'eux, on mène une perpendiculaire à l'autre plan, cette perpendiculaire est située toute entière dans le 1er plan.*

En effet, du point donné, l'on ne saurait mener sur le second plan qu'une seule perpendiculaire; mais la droite menée par le point donné dans le 1er de ces plans, perpendiculaire à leur intersection commune, est aussi perpendiculaire au second; donc, etc.

7.

2e *corollaire. Par une même droite, située dans un plan ou hors d'un plan, on ne saurait élever ou abaisser sur ce plan, qu'un seul plan perpendiculaire.*

Scholie. Si de tous les points d'une droite donnée, on mène des perpendiculaires sur un plan aussi donné, la ligne quelconque formée sur le plan donné par les pieds des perpendiculaires, est dite la *projection* sur ce plan de la droite donnée, et cette projection est une ligne droite, car les pieds des perpendiculaires tombent sur la droite d'intersection du plan donné, et d'un second plan mené par la droite donnée, perpendiculairement au 1er.

THÉORÈME.

29. *Quand deux plans* AC, AD, *sont perpendiculaires à un troisième plan* MN, *l'intersection commune* AB *des deux premiers, est perpendiculaire à ce troisième plan.*

Fig. 181.

En effet, j'élève par le point B une perpendiculaire au plan MN. Comme le point B appartient à la fois aux plans

176

AC, AD, cette perpendiculaire sera située à la fois dans
ces deux plans ; donc elle sera leur intersection commune.
C. Q. F. D.

THÉORÈME.

30. *Deux plans* MN, PQ, *perpendiculaires à une
même droite* XY, *sont parallèles.*

Si les plans MN, PQ, pouvaient se rencontrer, en joignant
un point quelconque C de leur intersection commune, avec
les points A et B où la ligne XY perce les deux plans, on
formerait un triangle ACB ayant deux angles droits, ce
qui est absurde. Donc, etc.

Corollaire. Par un point donné B, *l'on ne saurait mener qu'un seul plan* PQ, *parallèle à un plan donné* MN.

THÉORÈME.

31. *Les intersections* AB, CD, *de deux plans parallèles*
MN, PQ, *rencontrés par un troisième plan* AD, *sont parallèles.*

Car si AB pouvait rencontrer CD, le plan MN rencontrerait aussi le plan PQ, ce qui est impossible. Donc, etc.

THÉORÈME.

32. *Une ligne* AB *perpendiculaire au plan* MN, *est
perpendiculaire à tout plan* PQ, *parallèle au plan* MN.

Suivant la droite AB, je conduis deux plans ; ces plans
couperont les plans parallèles MN, PQ, suivant des droites
parallèles AC, BD, et AE, BF. Mais AB qui, par hypothèse est perpendiculaire au plan MN, est perpendiculaire
aux droites AC, AE, qui se croisent à son pied dans ce plan ;
donc AB est perpendiculaire aux droites BD, BF, qui sont
respectivement parallèles aux 1res. AB étant ainsi perpendiculaire à deux droites qui se croisent à son pied dans le
plan PQ, est perpendiculaire à ce plan.   C. Q. F. D.

THÉORÈME.

33. *Deux parallèles* AC, BD, *comprises entre deux
plans parallèles* MN, PQ, *sont égales.*

En effet, le plan des deux parallèles coupant les plans MN, PQ, suivant deux droites AB, CD, qui sont parallèles, la figure ABCD est un parallèlogramme. Par conséquent

$$AC = BD. \quad \text{C. Q. F. D.}$$

Corollaire. Tous les points d'un plan MN, *sont également distants d'un plan* PQ, *parallèle au plan* MN. Dans le plan MN, je prends deux points quelconques A et B, et de ces points j'abaisse sur le plan PQ, les perpendiculaires AC, BD. Ces deux perpendiculaires, étant parallèles, sont égales en vertu du théorème ci-dessus. C. Q. F. D.   16.

Scholie. Comme les lignes AC, BD, sont aussi perpendiculaires au plan MN, il en résulte que la distance au plan 32. MN de chacun des points du plan PQ, est la même que la distance au plan PQ, de chacun des points du plan MN. On énonce cette propriété en disant que *deux plans parallèles sont partout également distants.*

THÉORÈME.

54. *Si deux droites* HR, HS, *qui se coupent, sont res-* Fig. 184. *pectivement parallèles à deux autres droites* BD, BF, *qui se coupent; le plan* MN *conduit suivant les deux premières droites, sera parallèle au plan* PQ, *conduit suivant les deux autres.*

Du point B j'abaisse sur le plan MN la perpendiculaire BA, et par le point A je mène dans le plan MN les lignes AC, AE, respectivement parallèles aux droites HR, HS. Comme AB est perpendiculaire au plan MN, cette ligne est à la fois perpendiculaire aux droites AC, AE, qui se croisent à son pied. Mais les lignes AC, BD, sont parallèles, ainsi que les lignes AE, BF, comme étant respectivement parallèles aux droites HR et HS; donc la ligne AB, perpendiculaire aux droites AC, AE, est aussi perpendiculaire aux droites BD, BF. Donc, les deux plans MN, PQ, sont parallèles, comme étant perpendiculaires à la même droite AB. C. Q. F. D.

THÉORÈME.

35. *L'angle* ACB *qu'une droite* AC *fait avec sa projection* CB *sur un plan* MN, *est moindre que l'angle* ACD *que la même droite* AC *fait avec toute autre droite* CD, *menée par le point* C *dans le plan* MN.

Fig. 165.

D'un point quelconque A pris sur AC, je mène AB perpendiculaire au plan MN. Comme CB est la projection de AC, le pied de la perpendiculaire tombera quelque part sur CB. Je prends maintenant CD=CB, et je joins le point A au point D. La ligne AB étant perpendiculaire au plan MN, AD est une oblique à ce plan, donc AB est<AD. Je remarque maintenant que les triangles ACB, ACD, ont un côté commun AC, deux côtés égaux CB, CD, et leurs troisièmes côtés AB, AD, inégaux. Donc, l'angle ACB opposé au plus petit côté AB, est moindre que l'angle ACD, opposé au côté AD.   C. Q. F. D.

VII. 7.

Scholie. Comme l'angle ACB est un angle *minimûm* parmi tous les angles que la droite AC fait avec des droites quelconques, menées par le point C dans le plan MN, cet angle ACB a été choisi pour mesurer l'inclinaison de la droite AC sur le plan MN.

THÉORÈME.

36. *Deux droites quelconques* AB, CD, *comprises entre trois plans parallèlles* MN, PQ, RS, *sont coupées proportionnellement.*

Fig. 185.

Soient E, G, F, les points où les droites données AB, CD, et la droite auxiliaire BC, percent le plan PQ. Dans les plans extrêmes, je tire les droites AC, BD, et dans le plan PQ je joins avec le point F chacun des points E et G. Si je remarque maintenant que le plan ABC coupe les plans parallèles MN, PQ, suivant les droites AC, EF, et que le plan BCD coupe les plans parallèles RS, PQ, suivant les droites BD, FG, je conclurai que les lignes AC, EF, sont parallèles, ainsi que les lignes BD, FG. Mais les lignes EF,

31.

FG , qui sont respectivement parallèles aux bases AC , BD, des triangles ABC, BCD , divisent proportionnellement les côtés de ces triangles ; par conséquent

$$AE : BE :: CF : BF ,$$

et
$$CG : DG :: CF : BF.$$

Ces deux proportions ayant un rapport commun , les quatre autres termes donnent

$$AE : BE :: CG : DG. \qquad C. Q. F. D.$$

THÉORÈME.

37. *Dans tout angle trièdre, chaque angle plan est moindre que la somme des deux autres.*

Soit BAC le plus grand des trois angles plans d'un angle trièdre A. Dans l'angle BAC, je tire une ligne BC qui rencontre les deux côtés de cet angle ; je construis $BAE = BAD$; je prends $AD = AE$, et je joins le point D avec les points B et C. Les triangles BAE, BAD, sont égaux, car ils ont un côté commun AB, un côté égal $AE = AD$, et un angle égal $BAE = BAD$, compris entre les côtés égaux ; donc , le troisième côté BE de l'un de ces triangles , est égal au troisième côté BD de l'autre. Considérant le triangle BDC , ce triangle donne

$$BC \text{ ou } BE + CE < BD + CD ;$$

supprimant aux deux membres de cette inégalité , d'un côté BE, et de l'autre son égal BD , il reste $CE < CD$. Comparant maintenant le triangle CAE au triangle CAD, j'observe que ces triangles ont un côté commun AC, un côté égal $AE = AD$; et comme on vient de prouver que CE est $< CD$, on conclut

$$CAE < CAD.$$

Ajoutant aux deux membres de cette inégalité, d'un côté l'angle BAE, de l'autre son égal BAD, et observant que $BAE + CAE = BAC$, il vient

$$BAC < BAD + CAD. \qquad C. Q. F. D.$$

Fig. 186.

Corollaire. Dans tout angle trièdre, chaque angle plan est plus grand que la différence des deux autres.

Soit CAD un angle plan quelconque. En vertu de ce qui précède, nous aurons

$$BAD + CAD > BAC.$$

Retranchant BAD des deux membres de cette inégalité, il vient

$$CAD > BAC — BAD. \qquad C. \ Q. \ F. \ D.$$

THÉORÈME.

58. *Lorsque deux angles trièdres ont leurs angles plans égaux chacun à chacun, les plans dans lesquels sont les angles égaux, sont également inclinés entr'eux.*

Fig. 187.

Soient A et A′ deux angles trièdres, tels que

$$BAC = B'A'C', \ BAD = B'A'D', \ CAD = C'A'D'.$$

Je dis, par exemple, que l'angle dièdre des faces BAD, CAD, sera égal à celui des faces B′A′D′, C′A′D′. Je prends AD=A′D′, aux points D et D′ je construis les modules BDC, B′D′C′, des angles dièdres que nous considérons, et je dis que ces modules seront égaux. D'abord, les triangles BAD, B′A′D′, sont égaux, comme ayant un côté égal adjacent à deux angles égaux chacun à chacun, à savoir, par construction AD=A′D′, l'angle ADB=A′D′B′, car les lignes DB et D′B′ ont été élevées perpendiculaires sur AD et sur A′D′, enfin, par hypothèse BAD=B′A′D′; donc on a les égalités

$$AB = A'B', \ BD = B'D'.$$

Les triangles CAD, C′A′D′, étant égaux par la même raison,

$$AC = A'C' \ \text{et} \ CD = C'D'.$$

Je remarque maintenant que les triangles BAC, B′A′C′, ont un angle égal BAC=B′A′C′, compris entre deux côtés

181

égaux chacun à chacun, à savoir , $AB = A'B'$, et $AC = A'C'$,
ainsi qu'on vient de le démontrer ; par suite

$$BC = B'C'.$$

Enfin, puisque les côtés $(BD, B'D')$, $(CD, C'D')$, $(BC, B'C')$,
sont respectivement égaux, les triangles BCD, $B'C'D'$,
sont aussi égaux, donc

$$BDC = B'D'C'. \quad \text{C. Q. F. D.}$$

Scholie. Si les angles plans égaux des deux *trièdres* que
nous venons de considérer, sont disposés de la même manière, ces deux trièdres coïncideront évidemment par la
superposition. Mais il n'en sera plus de même, si les angles
plans égaux ont une disposition inverse, quoique d'ailleurs
les deux trièdres aient toutes leurs parties constituantes
égales chacune à chacune. Une telle égalité prend le nom
d'égalité par *symétrie*, et deux angles trièdres de cette
espèce, sont appelés angles trièdres *symétriques*.

THÉORÈME.

59. Deux angles trièdres sont égaux : 1° *lorsqu'ils ont
un angle dièdre égal, compris entre deux angles plans
égaux chacun à chacun, et disposés de la même manière; 2° lorsqu'ils ont un angle plan égal, adjacent à
deux angles dièdres égaux chacun à chacun, et disposés
de la même manière.*

Ce théorème se démontre sans peine par la superposition.

THÉORÈME.

40. *La somme des angles plans qui composent un angle* Fig. 188.
polyèdre A, *est toujours moindre que quatre angles
droits.*

Je coupe par un plan l'angle solide A, et soit BCDEF la
section produite. Ayant pris dans le polygone BCDEF un
point quelconque O, je joins ce point avec les divers sommets de ce polygone, que je décompose ainsi en autant de
triangles qu'il renferme de côtés. Or, le sommet A de l'angle

polyèdre, est le sommet commun d'un nombre égal de triangles, ayant pour bases les divers côtés du même polygone; par conséquent, la somme des angles des triangles ayant leur sommet en A, est égale à la somme des angles des triangles ayant leur sommet en O. Considérant maintenant les angles trièdres B, C, etc., l'on a

$$CBF < ABF + ABC,$$
$$BCD < ACB + ACD,$$
$$\text{etc.}$$

Ajoutant toutes ces inégalités membre à membre, il vient

$$CBF + BCD + \text{etc.} < ABF + ABC + ACB + ACD + \text{etc.}$$

Mais puisque la somme des angles à la base des triangles ayant leur sommet en A, est plus grande que la somme des angles à la base des triangles ayant leur sommet en O, il faut, par compensation, que la somme des angles ayant leur sommet en A, soit moindre que la somme de ceux ayant leur sommet en O. Mais la somme de ces derniers égale 4 droits, donc la somme des angles de l'angle polyèdre A, est moindre que 4 droits.   C. Q. F. D.

41. *Enoncés de questions à résoudre.*

I. Si par un point de l'intersection commune de deux plans, on élève sur ces deux plans deux perpendiculaires, ces deux lignes comprendront les mêmes angles que les deux plans.

Corollaire. Si d'un point quelconque de l'espace, on abaisse deux perpendiculaires sur deux plans qui se coupent, ces perpendiculaires comprendront les mêmes angles que les deux plans.

II. Lorsqu'une droite fait des angles égaux avec trois droites passant par son pied dans un plan, ces angles sont droits; et la droite est perpendiculaire à ce plan.

III. Toutes les parallèles à une droite, menées par les différents points d'une même droite, sont dans un même plan.

IV. Lorsque par les différents points d'une droite située dans un plan, on mène, d'un même côté de ce plan, des droites parallèles et égales, les extrémités de ces parallèles sont sur une droite parallèlle au plan.

V. Quand une droite est perpendiculaire à un plan, tout plan parallèle à cette droite est perpendiculaire au même plan.

VI. Si trois droites non situées dans un même plan, sont égales et parallèles, les triangles formés de part et d'autre en joignant les extrémités de ces droites, sont égaux, et leurs plans sont parallèles.

VII. Deux droites parallèles qui rencontrent un plan, sont également inclinées sur ce plan.

VIII. Connaissant les angles plans qui composent un angle trièdre, déterminer par une construction *plane* (c'est-à-dire, par une construction exécutée toute entière dans un plan), l'angle de deux faces quelconques.

IX. Etant donnés, deux des trois angles plans qui forment un angle trièdre, avec l'angle que leurs plans font entr'eux, trouver le troisième angle plan.

X. Les trois plans qui divisent en deux parties égales les angles dièdres d'un angle trièdre, se coupent suivant la même droite.

XI. Lorsque deux plans sont parallèles, une droite parallèle à l'un d'eux, est aussi parallèle à l'autre, ou bien elle y est comprise toute entière.

CHAPITRE XIV.

*Polyèdres en général. — Prisme. — Parallèlipipède.
— Cylindre droit, considéré comme un prisme dont la
surface se développe en un rectangle. — Tétraèdre.
— Pyramide. — Cône circulaire droit, considéré*

comme une pyramide régulière, dont la surface se développe en un secteur de cercle.

1. On désigne sous le nom de *polyèdre*, tout solide terminé par des faces planes, et sous le nom d'*arête* du polyèdre, l'intersection de deux faces adjacentes. Suivant qu'un polyèdre est composé de 4 faces, de 5 faces, de 6 faces, etc., il se nomme *tétraèdre, pentaèdre, hexaèdre,* etc.

Le tétraèdre est le plus simple des polyèdres, car pour former un angle solide, il faut au moins trois angles plans, et pour fermer le vide que ces trois plans laissent entr'eux, il en faut au moins un quatrième.

Un polyèdre est dit *convexe,* lorsque sa surface ne peut être rencontrée en plus de deux points par une ligne droite, différente de chacune des arêtes de ce polyèdre.

Le *prisme* est un polyèdre compris sous plusieurs faces *parallèlogrammiques,* qui se terminent à deux faces polygonales égales, et dont les plans sont *parallèles.* Nous verrons bientôt que ce solide existe.

Les polygones égaux qui terminent un prisme, en sont les *bases,* et l'ensemble des faces parallèlogrammiques qui se terminent aux bases, la surface *convexe* ou *latérale.* Il résulte de la définition du prisme, que les arêtes de ce solide qui se terminent aux plans des bases, sont égales et parallèles.

La *longueur* d'un prisme est la longueur de ses arêtes parallèles, et sa *hauteur,* la distance qui sépare les plans des bases.

Un prisme est *droit,* quand les arêtes parallèles de ce solide sont perpendiculaires aux plans des bases; dans ce cas, la longueur et la hauteur du prisme sont égales, et toutes les faces latérales sont des *rectangles.*

Un prisme droit est dit *régulier,* quand il a pour base un polygone régulier.

185

Un prisme est *triangulaire*, quand il a pour base un triangle.

Un prisme qui a pour base un parallèlogramme, porte le nom de *parallèlipipède*.

Un parallèlipipède rectangle, prend le nom de *cube* quand toutes ses faces sont des carrés égaux.

2. Le *cylindre* droit, ou simplement le cylindre, est un solide produit par la révolution d'un rectangle ABCD, qui tourne autour d'un côté CD supposé immobile, et que l'on nomme, pour cette raison, *axe* du cylindre.

Pendant que les lignes CA, DB, décrivent autour des points C et D, des cercles égaux, perpendiculaires à l'axe du cylindre, la ligne AB décrit la surface *convexe* de ce solide.

Il résulte de la définition du cylindre, que tout plan conduit suivant l'axe, coupe la surface suivant deux droites AB, EF, que l'on nomme *génératrices* de cette surface, et le solide lui-même, suivant un rectangle ABEF, double du rectangle générateur ABCD. A l'égard d'un plan perpendiculaire à l'axe, mené par un point quelconque P de cet axe, ce plan coupe le cylindre suivant un cercle égal à chaque base, car la section produite n'est autre chose que le cercle engendré par une ligne PH, tournant autour du point P, en restant toujours perpendiculaire à l'axe CD.

Remarque. Comme il est permis d'assimiler un cercle à un polygone régulier d'un nombre infini de côtés infiniment petits; il est aussi permis d'assimiler le cylindre à *un prisme régulier, ayant pour base un polygone infinitésimal;* il suffit pour s'en convaincre, de remarquer que dans toutes ses positions, la ligne AB est perpendiculaire aux plans des bases du cylindre, puisque cette ligne reste constamment parallèle à l'axe CD; donc, tant que AB s'appuiera sur deux éléments rectilignes infiniment petits des circonférences des bases, cette ligne décrira un plan perpendiculaire aux plans de ces bases, et dans lequel seront situés les deux éléments infiniment petits, sur lesquels nous supposons que le mouvement s'exécute. La portion de ce plan, comprise entre ces deux éléments, et les positions que prend la génératrice AB à leurs extrémités, est donc un rectangle infiniment petit. Quand les points A et B parcourront sur les deux cercles qui terminent le cylindre, les deux éléments suivants, AB engendrera un nouveau rectancle infiniment petit, égal au 1er, et ainsi de suite. Donc, etc.

La *pyramide* est un polyèdre formé par plusieurs plans triangulaires partant d'un même point, et terminés aux différents côtés d'un plan polygonal. Il est évident que ce solide existe.

La *hauteur* d'une pyramide est la distance du sommet de cette pyramide, au plan de sa base.

Une pyramide est *triangulaire*, quand sa base est un triangle, *quadrangulaire*, quand sa base est un quadrilatère, et ainsi de suite.

Une pyramide est *régulière*, quand sa base est un polygone régulier, et que la perpendiculaire abaissée du sommet sur la base, tombe au centre de cette base. Cette perpendiculaire est l'*axe* de la pyramide.

Fig. 190.   Le *cône droit*, ou simplement le cône, est un solide produit par la révolution d'un triangle rectangle BAC, qui tourne autour d'un côté AC de l'angle droit, ce côté étant supposé immobile.

Le côté immobile AC est l'*axe* du cône, et l'hypothénuse AB en est le *côté* ou l'*apothème*.

Pendant que la ligne CB décrit autour du point C un cercle perpendiculaire à l'axe du cône, l'hypothénuse AB décrit la surface *convexe* de ce solide.

Fig. 190.   Il résulte de la définition du cône, que tout plan conduit suivant l'axe, coupe la surface suivant deux droites AB, AD, que l'on nomme *génératrices* de cette surface, et le solide lui-même, suivant un triangle isocèle BAD, double du triangle générateur BAC. A l'égard d'un plan perpendiculaire à l'axe, mené par un point quelconque P de cet axe, ce plan coupe le cône suivant un cercle, car la section produite n'est autre chose que le cercle engendré par une ligne PH, tournant autour du point P, en restant toujours perpendiculaire à l'axe AC.

Remarque. Un cône peut être assimilé à une pyramide régulière, ayant pour base un polygone infinitésimal. Remarquons en effet, que la partie de la surface, engendrée par la *génératrice* AB, pendant que le point B parcourt chaque élément rectiligne infiniment petit de la circonférence de la base, est un triangle isocèle infiniment petit. Donc, le cône peut être assimilé à une pyramide ayant pour base un polygone infinitésimal; de plus, cette pyramide est régulière, puisque la perpendiculaire abaissée de son sommet sur le plan de la base, tombe au centre de cette base.

Deux cylindres ou deux cônes sont *semblables*, quand leurs axes sont entr'eux comme les diamètres de leurs bases.

Si l'on coupe par un plan parallèle à la base, une pyramide ou un cône, le solide compris entre le plan sécant et celui de la base, est un *tronc de pyramide* ou un *tronc de cône*. On peut supposer que le tronc de cône est engendré par la révolution d'un trapèze BCHP, tournant autour d'un de ses côtés CP, supposé immobile, et adjacent à deux angles droits. Les lignes CP et BH sont l'*axe* et le *côté* du tronc de cône.

Un plan est dit *tangent* à un cylindre ou à un cône, quand ce plan ne rencontre la surface de ce cylindre ou de ce cône, que suivant une *génératrice* de la surface.

Un prisme est *inscrit* à un cylindre, lorsqu'ayant même hauteur que ce cylindre, les arêtes parallèles du prisme, sont des *génératrices* de la surface du cylindre. Les polygones qui servent de bases au prisme inscrit à un cylindre, sont évidemment des polygones *inscrits* aux deux bases de ce cylindre.

Un prisme est *circonscrit* à un cylindre, lorsqu'ayant même hauteur que ce cylindre, toutes les faces du prisme sont des plans *tangents* au cylindre. Les polygones qui servent de bases à un prisme circonscrit à un cylindre, sont évidemment des polygones *circonscrits* aux deux bases de ce cylindre.

Une pyramide est *inscrite* ou *circonscrite* à un cône, dans le même cas qu'un prisme est inscrit ou circonscrit à un cylindre.

(NOTA.) Il ne sera question dans ce traité, que de polyèdres convexes.

PROBLÈME.

5. *Construire un prisme ayant pour base un polygone donné, et une hauteur aussi donnée.*

Fig. 191.

Ayant pris deux plans parallèles, éloignés l'un de l'autre d'une distance égale à la hauteur qu'on veut donner au prisme, on tracera dans l'un de ces plans, le polygone donné ABCDE, et dans l'autre, on mènera *ab* égal et parallèle à AB, *bc* égal et parallèle à BC, *cd* égal et parallèle à CD, *de* égal et parallèle à DE, et enfin, l'on joindra le point *e* au point *a*. Le polygone *abcde* ainsi formé, sera égal au polygone ABCDE, comme ayant tous ses côtés, moins un, égaux chacun à chacun à ceux de ce dernier

IX. 3 polygone, ainsi que les angles compris entre les côtés égaux ; les angles marqués des mêmes lettres dans les deux polygones, sont égaux en effet, comme ayant leurs côtés parallèles et dirigés dans le même sens. Je tire maintenant les droites A*a*, B*b*, C*c*, etc., et je forme ainsi les quadrilatères AB*ab*, BC*bc*..., AE*ae*, que je dis être des parallèlogrammes. D'abord, tous ces quadrilatères, à l'exception du dernier, ont par construction deux côtés opposés égaux et parallèles, à savoir, pour le premier, AB égal et parallèle *ab*, pour le second, BC égal et parallèle à *bc*, et ainsi de suite ; donc , les arêtes A*a*, B*b*... E*e*, sont toutes égales et parallèles ; donc aussi le quadrilatère AE*ae* est un parallèlogramme. Le solide ainsi obtenu, est donc un prisme, puisqu'il est compris sous plusieurs plans parallèlogrammes, terminés de part et d'autre à deux plans polygones, égaux et parallèles.

Scholie. On construirait de la même manière un parallèlipipède d'une base donnée, et d'une hauteur aussi donnée.

PROBLÈME.

4. *Étant données, trois droites* AB, AC, A*a*, *passant par un même point* A, *et faisant entr'elles des angles données, construire un parallèlipipède sur ces trois droites.*

Dans le plan des droites AB, AC, on construira le parallèlogramme ABCD. Ayant ensuite mené par le point *a*, un plan parallèle au plan ABCD, on tirera par le point *a* dans ce plan parallèle, les lignes *ab*, *ac*, qui soient respectivement égales et parallèles aux droites AB, AC, et l'on achevera le parallèlogramme *abcd*. Joignant ensuite par des droites les points (A, *a*,), (B, *b*,) etc., on obtiendra le parallèlipipède demandé.

THÉORÈME.

5. *La droite qui joint les centres des bases d'un prisme régulier, est perpendiculaire aux plans de ces bases ; ou en d'autres termes, la perpendiculaire abaissée du centre de la base supérieure, sur le plan de la base inférieure, tombe au centre de celle-ci.*

Soit *h* le centre de la base supérieure d'un prisme régulier ABCDEF*abcdef*. Du point *h*, j'abaisse sur le plan de la base inférieure, la perpendiculaire *h*H, et j'observe que cette perpendiculaire est égale et parallèle à chacune des arêtes A*a*, B*b*, C*c*, etc. Donc, si l'on tire dans le plan de la base supérieure du prisme, les lignes ha, hb, hc, etc., et dans le plan de la base inférieure, les lignes HA, HB, HC, etc., on formera les quadrilatères AHah, BHbh, CHch, etc., lesquels seront des parallélogrammes, puisque dans chacun, deux côtés opposés seront égaux et parallèles. Donc, on aura les égalités

$$HA = ha, \quad HB = hb, \quad HC = hc, \text{ etc.}$$

Mais les droites ha, hb, hc, sont égales comme rayons de la base supérieure du prisme ; par conséquent, les lignes HA, HB, HC, etc., sont aussi égales. D'où il suit, que le point H est le centre de la base inférieure du prisme. C. Q. F. D.

Scholie. La ligne qui joint les centres des bases d'un prisme régulier, est l'*axe* de ce prisme régulier.

THÉORÈME.

6. *Les sections faites dans un prisme par des plans parallèles, sont des polygones égaux.*

Fig. 191. Soient MNPQR, $mnpqr$, les sections produites dans un prisme ABCDE$abcde$, par deux plans parallèles, et je dis que ces deux sections sont égales. Je remarque d'abord que les lignes Mm, Nn, Pp, etc., étant égales comme parallèles comprises entre deux plans parallèles, les quadrilatères MNmn, NPnp, etc., sont des parallélogrammes ; donc les lignes (MN, mn,), (NP, np,) etc., sont respectivement égales et parallèles. Donc, les deux polygones MNPQR, $mnpqr$, sont égaux comme ayant leurs côtés, pris dans le même ordre, égaux chacun à chacun, ainsi que les angles compris entre les côtés égaux. C. Q. F. D.

1er corollaire. *Toute section faite dans un prisme par un plan parallèle au plan de la base, est un polygone égal à cette base.*

2e corollaire. *Toute section faite dans un prisme régulier par un plan perpendiculaire à l'axe, est un poly-*

gone régulier égal à la base du prisme, et qui a son centre sur l'axe de ce prisme. 5.

THÉORÈME.

7. *La surface convexe d'un prisme droit, se développe en un rectangle dont la base est équivalente au périmètre de la base du prisme, et dont la hauteur est égale à celle de ce prisme.*

Une surface est *développable*, quand elle peut être étendue sur un plan sans *déchirure* ni *duplicature*. Cela posé, concevons le prisme donné, couché sur le plan de l'une de ses faces DE*de*, et faisons tourner, par exemple, la face ABab autour de l'arête B*b*, jusqu'à ce que le plan de cette face tombe sur le prolongement du plan de la face suivante BC*bc*; à cet instant, les lignes AB, BC, seront le prolongement l'une de l'autre, ainsi que les lignes *ab*, *bc*, puisque, étant situées dans le même plan, elles seront perpendiculaires sur la même ligne B*b*, aux points B, *b*. Les deux faces adjacentes ABab, BC*bc*, formeront par leur réunion, un rectangle ayant même hauteur que le prisme, et une base équivalente à AB+BC. Faisons maintenant tourner autour de C*c*, le système de ces deux faces, jusqu'à ce que leur plan commun vienne se placer sur le prolongement de la face suivante CD*cd*, ces trois faces formeront par leur réunion, un nouveau rectangle ayant même hauteur que le prisme, et une base équivalente à AB+BC+CD. Faisons enfin tourner autour de D*d*, le système de ses trois faces, jusqu'à ce que le plan du rectangle qu'elles forment coïncide avec le plan de la face DE*de*. Ces quatre faces ainsi étendues sur un même plan, détermineront un rectangle de même hauteur que le prisme, et ayant une base équivalente à AB+BC+CD+DE. Amenons pareillement le plan de la face AF*af*, sur le plan de la face adjacente FE*fe*, et enfin, rabattons le système de ces deux faces sur le plan de la face DE*de*; de la sorte, nous ajouterons au rectangle

Fig. 193.

produit par le développement des 1res faces, un nouveau rectangle de même hauteur que le prisme, et ayant une base équivalente à AF+EF. Il suit de là, que le développement de la surface entière du prisme, sera un rectangle ayant pour hauteur la hauteur du prisme, et pour base, une ligne équivalente au contour de la base de ce prisme. C. Q. F. D.

Corollaire. La surface convexe d'un cylindre, se développe en un rectangle de même hauteur que le cylindre, et dont la base est équivalente à la circonférence de la base de ce cylindre.

THÉORÈME.

8. *Dans tout parallèlipipède, les faces opposées sont égales, et leurs plans sont parallèles.*

Fig. 192. Considérons les parallèlogrammes opposés ABab, CDcd. L'angle BAa du 1er, est égal à l'angle DCc de l'autre, car ces deux angles ont leurs côtés parallèles et dirigés dans le même sens, et comme les côtés AB, Aa, qui comprennent l'angle BAa, sont égaux chacun à chacun, aux côtés CD, Cc, qui comprennent l'angle DCc, il en résulte que les pa-

IX. 4. cor. rallèlogrammes comparés sont égaux. De plus, le plan de la 1re face est parallèle au plan de la seconde, car le plan de cette première face contient deux droites qui se coupent, et qui sont respectivement parallèles à deux droites qui se

XIII. 34. coupent, situées dans le plan de la seconde. On prouverait de la même manière que les faces ACac, BDbd, sont égales, et que leurs plans sont parallèles. Donc, etc.

1er *corollaire.* Dans tout parallèlipipède, une face quelconque et son opposée, peuvent être prises pour bases de ce parallèlipipède.

2e *corollaire.* Les diverses arêtes d'un parallèlipipède ABCDabcd, sont respectivement égales aux trois arêtes contiguës AB, AC, Aa, qui sont les *trois dimensions* du parallèlipipède.

THÉORÈME.

9. Lorsqu'on coupe une pyramide par un plan parallèle à la base,

1° *Les côtés et la hauteur de cette pyramide, sont divisés proportionnellement.*

2° *La section produite est un polygone semblable à la base.*

1° Soit *abcde* la section produite dans une pyramide S Fig. 194. par un plan parallèle à la base ABCDE, et soit aussi S*p*P la perpendiculaire abaissée du point S sur les plans de la section et de la base de la pyramide. Considérant les deux lignes correspondantes quelconques AB, *ab*, je fais remarquer que ces lignes sont parallèles, comme étant les intersections de deux plans parallèles par un 3° plan SAB, et comme par la même raison, BC est parallèle à *bc*, CD à *cd*, DE à *de*, AF à *af*, et enfin AP à *ap*, il en résulte que les lignes *ab*, *bc*, etc., qui sont respectivement parallèles aux bases des triangles qui composent la surface convexe de la pyramide, divisent proportionnellement les côtés de ces triangles, donc on aura

$$\text{SA} : \text{S}a :: \text{SB} : \text{S}b :: \text{SC} : \text{S}c :: \ldots :: \text{SP} : \text{S}p.$$

C. Q. F. D.

2° Considérant les triangles semblables ASB, *a*S*b*; ces triangles donnent

$$\text{AB} : ab :: \text{SB} : \text{S}b.$$

Mais les triangles semblables BSC, *b*S*c*, donnent aussi

$$\text{BC} : bc :: \text{SB} : \text{S}b;$$

comparant ces deux proportions, il vient

$$\text{AB} : ab :: \text{BC} : bc.$$

Par la même raison

$$\text{BC} : bc :: \text{CD} : cd$$
$$\text{CD} : cd :: \text{DE} : de$$
et
$$\text{DE} : de :: \text{AE} : ae.$$

Ces quatre dernières proportions, ayant consécutivement un rapport commun, on en déduit la suite de rapports égaux

$$AB : ab :: BC : bc :: CD : cd :: DE : de.$$

Mais dans les polygones ABCDE, *abcde*, que nous comparons, les angles marqués des mêmes lettres sont égaux; donc ces deux polygones sont semblables. C. Q. F. D.

Corollaire. Si la base de la pyramide est un polygone régulier, la section faite dans cette pyramide par un plan parallèle à la base, sera un polygone régulier semblable à cette base.

PROBLÈME.

10. *Connaissant la distance au sommet d'une pyramide, d'une section faite dans cette pyramide par un plan parallèle à la base, trouver l'aire de cette section.*

Fig. 194. Pour abréger, j'exprime par B et H la base ABCDE, et la hauteur SP de la pyramide, et par *b* et x la section *abcde*, et la distance S*p* du plan de cette section, au sommet S ; cela posé, les polygones semblables ABCDE, *abcde*, donnent

$$B : b :: \overline{AB}^2 : \overline{ab}^2.$$

Mais les triangles semblables ASB, *asb*, donnent aussi

$$SA : Sa :: AB : ab, \text{ d'où } \overline{SA}^2 : \overline{Sa}^2 :: \overline{AB}^2 : \overline{ab}^2.$$

Comparant ces deux proportions, il vient

$$B : b :: \overline{SA}^2 : \overline{Sa}^2.$$

Or, le plan de la section divise proportionnellement les côtés et la hauteur de la pyramide, donc

$$SA : Sa :: H : x, \text{ d'où } \overline{SA}^2 : \overline{Sa}^2 :: H^2 : x^2.$$

Cette proportion ayant un rapport commun avec celle qui la précède, les quatre autres termes donnent

$$B : b :: H^2 : x^2;$$

195

d'où l'on tire

$$b = \frac{B}{H^2} x^2.$$

Scholie. Comme le cône n'est qu'un cas particulier de la pyramide, la formule précédente convient aussi à la section faite dans ce solide par un plan parallèle à la base. Je ferai remarquer en passant, que pour toutes les valeurs de x moindres que H, b sera aussi $<$B, et que le contraire aura lieu pour toutes les valeurs de x plus grandes que H.

1er *corollaire. Quand deux pyramides de même hauteur sont assises sur un même plan, les sections faites dans ces deux pyramides par un plan parallèle au plan des bases, sont entr'elles comme ces bases.*

Soient, H la hauteur commune des deux pyramides, B et B' les deux bases, b et b' les deux sections. Comme les deux pyramides ont même hauteur, et qu'elles reposent sur le même plan, les sommets de ces pyramides sont également distants du plan des deux sections; nommant x cette distance, nous aurons, en vertu de ce qui a été démontré ci-dessus,

$$b = \frac{B}{H^2} x^2, \qquad b' = \frac{B'}{H^2} x^2.$$

Divisant ces deux égalités membre à membre, il vient, après toutes réductions faites,

$$\frac{b}{b'} = \frac{B}{B'}. \quad \text{C. Q. F. D.}$$

2e *corollaire.* Si dans cette égalité on suppose B=B', l'on aura aussi $b=b'$. Donc, si les deux pyramides que nous considérons *ont leurs bases équivalentes, les sections le seront aussi.*

THÉORÈME.

11. *Toutes les arètes* SA, SB, SC, *etc., d'une pyramide régulière, sont égales.*

Fig. 194.

Soit SP l'axe de la pyramide, et PA, PB, PC, etc., les rayons de la base. Comme tous ces rayons sont égaux, les lignes SA, SB, SC, etc., sont aussi égales, car elles sont des obliques s'écartant également du pied P de la perpendiculaire SP.   C. Q. F. D.

Corollaire. Les triangles isocèles ASB, BSC, etc., étant tous égaux, si du sommet S l'on abaisse des perpendiculaires sur les divers côtés de la base de la pyramide, toutes ces perpendiculaires seront égales.

Scholie. On nomme *apothême* d'une pyramide régulière, la perpendiculaire abaissée du sommet de cette pyramide sur l'un quelconque des côtés de sa base.

THÉORÈME.

12. *Si l'on coupe une pyramide régulière par un plan perpendiculaire à l'axe, le polygone régulier qui résulte de cette section, a son centre sur l'axe de cette pyramide.*

Fig. 194.

Soit S une pyramide régulière, SP son axe, *abcde* une section parallèle à la base, et *p* le point où l'axe de la pyramide perce le plan de la section. Ayant tiré les lignes PA, PB, PC, etc., et les lignes *pa*, *pb*, *pc*, etc., dans le plan de la base et dans celui de la section, je fais

XIII.31.

remarquer que ces lignes sont respectivement parallèles; par conséquent, le triangle ASP est semblable au triangle *asp*, le triangle BSP au triangle *bsp*, et ainsi de suite; donc on aura les proportions

$$\text{AP} : ap :: \text{SP} : \text{S}p$$
$$\text{BP} : bp :: \text{SP} : \text{S}p$$
$$\text{CP} : cp :: \text{SP} : \text{S}p$$
$$\text{etc.,}$$

d'où l'on tire

$$\text{AP} : ap :: \text{BP} : bp :: \text{CP} : cp :: \text{etc.}$$

Mais puisque le point P est le centre de la base inférieure de la pyramide, les lignes AP, BP, CP, etc., sont égales;

donc les lignes ap, bp, cp, etc., sont aussi égales. Donc
le point p est le centre de la section $abcde$.   C. Q. F. D.

THÉORÈME.

13. *La surface convexe d'une pyramide régulière, se
développe en un secteur polygonal régulier, dont la base
est équivalente au contour de la base de la pyramide, et
dont l'apothème est celui de la pyramide.*

Je remarque d'abord que les angles formés à la base,
sur la partie convexe de la pyramide, sont tous égaux
entr'eux. Cela posé, j'amène, ainsi qu'on le fait pour le
prisme droit, une face quelconque sur le plan d'une face
adjacente, puis je rabats le système de ces deux faces sur
le plan de la face suivante, et je continue ainsi jusqu'à ce
que toutes les faces soient étendues sur le plan de l'une
d'elles. Je dis qu'à cet instant, l'ensemble de ces faces formera un secteur polygonal, ayant une base régulière. En
effet, tous les angles de cette base seront égaux, comme
étant doubles des angles égaux formés à la base, sur la partie convexe de la pyramide; tous les côtés de cette même
base seront aussi égaux, comme étant ceux de la base de
la pyramide. Quant à l'*apothème*, il sera évidemment le
même dans le secteur que dans la pyramide. Donc, etc.

Corollaire. *La surface convexe d'un cône, se développe en un secteur circulaire, ayant pour rayon l'apothème du cône, et pour base, un arc équivalent à la
circonférence de la base de ce cône.*

CHAPITRE XV.

*Propriétés générales de la sphère; ses grands et ses
petits cercles; dénomination de ses diverses parties.*

1. La *sphère* est un solide terminé par une surface
courbe, dont tous les points sont également distants d'un
point intérieur nommé centre.

La distance constante du centre de la sphère à un point quelconque de la surface, se nomme *rayon*, et toute ligne qui passe par le centre et se termine de part et d'autre à la surface de la sphère, est un *diamètre*. Le diamètre est donc double du rayon.

Fig. 195. On peut considérer la sphère comme étant engendrée par la révolution d'un demi-cercle ACB, tournant autour de son diamètre AB, car il est évident que le solide ainsi engendré, aura tous les points de sa surface également distants du centre O de la demi-circonférence génératrice.

Un plan est *tangent* à la sphère, quand il ne rencontre qu'en un seul point la surface de ce solide.

Deux sphères sont tangentes, quand elles ont un seul point de commun.

THÉORÈME.

2. *Toute section de la sphère faite par un plan, est un cercle.*

Si la section que l'on considère passe par le centre de la sphère, la proposition n'a pas besoin d'être démontrée ; cette section sera un cercle ayant pour rayon celui de la sphère. Donc, il suffit d'examiner le cas où la section serait faite par un plan qui ne contiendrait pas le centre.

Fig. 196. Soit AB une section quelconque, et O le centre de la sphère. Du point O j'abaisse sur le plan de la section, la perpendiculaire OP, et je fais remarquer que tous les points de la courbe ABC, sont également éloignés du point O, centre de la sphère ; donc, chacun des points de cette courbe, est également distant du pied P de la perpendiculaire OP. Donc, la section AB est un cercle.   C. Q. F. D.

Corollaire. Toutes les sections de la sphère, faites par des plans passant par le centre, sont égales, car toutes ces sections ont pour rayon celui de la sphère.

1re *scholie.* Il est bon de remarquer que le centre d'une section quelconque, est le pied de la perpendiculaire abaissée du centre de la sphère, sur le plan de cette section. On peut remarquer aussi que le rayon PC d'une section, est moindre que le rayon de la sphère, lorsque le plan de cette section ne contient pas le centre de la sphère.

2ᵉ *scholie*. Nous venons de voir que toute section de la sphère faite par un plan, est un cercle. Cela posé, on nomme *grand cercle*, toute section qui passe par le centre, et petit cercle, toute section qui n'y passe pas.

Un *polygone sphérique* est une portion de la surface de la sphère, enveloppée de toutes parts par plusieurs arcs de grands cercles.

Les arcs de grands cercles qui forment le contour du polygone sphérique, sont les *côtés* de ce polygone, et les angles dièdres que forment les plans de ces arcs, sont les *angles* de ce même polygone.

Les côtés d'un polygone sphérique, sont toujours supposés plus petits que la demi-circonférence d'un grand cercle.

On nomme aussi *angle* de deux arcs quelconques, tracés sur la sphère, *l'angle dièdre formé par les plans de ces arcs*.

Un polygone sphérique composé de trois côtés seulement, se nomme *triangle sphérique*.

Un triangle sphérique est *rectangle*, *isocèle*, etc., dans les mêmes cas qu'un triangle rectiligne.

Si l'on joint par des lignes droites, les divers sommets d'un polygone sphérique avec le centre de la sphère, on formera en ce point un angle polyèdre, dont les angles plans auront respectivement pour mesure les arcs correspondants de ce polygone : cela posé, quand l'angle solide ainsi formé sera convexe, le polygone lui-même sera *convexe*; au contraire, ce polygone sera *concave*, quand l'angle solide lui-même sera concave.

THÉORÈME.

3. *Les petits cercles sont d'autant plus petits, qu'ils sont plus éloignés du centre de la sphère.*

Fig. 196. Soient AB, A'B', deux petits cercles de la sphère. Du centre O, j'abaisse sur le plan de chacun d'eux, les perpendiculaires OP, OP', et je fais remarquer que les points P et P' sont les centres des deux petits cercles. Je dis maintenant que si la distance OP' de l'un deux A'B' au centre de la sphère, est plus grande que la distance OP de l'autre au même point, le petit cercle A'B' sera moindre que le petit cercle AB. Je conduis un plan suivant les perpendiculaires OP, OP'. Ce plan coupera les petits cercles suivant les diamètres AB, A'B', et la sphère, suivant un grand cercle AMBB'A', passant par les extrémités de ces diamètres; de sorte que les lignes AB et A'B' seront en même temps deux diamètres des deux petits cercles, et des cordes d'un grand cercle; par conséquent, celle des deux A'B' qui est la plus éloignée du point O, est moindre que l'autre AB. Donc aussi, le petit cercle A'B' est moindre que le petit cercle AB.   C. Q. F. D.

THÉORÈME.

4. *Tout grand cercle partage la sphère et sa surface, chacun en deux parties égales.*

Concevons qu'on ait séparé les deux hémisphères, et qu'on les ait placés l'un dans l'autre en tournant leurs convexités du même côté. Lorsque les grands cercles qui servent de base à chacun des hémisphères, coïncideront parfaitement, les deux hémisphères coïncideront aussi, sans quoi tous les points de la surface de la sphère ne seraient pas également éloignés du centre, ce qui est absurde. Donc, etc.

THÉORÈME.

5. *Par deux points donnés, pris sur la surface de la*

sphère, on peut toujours faire passer un grand cercle, et généralement l'on n'en peut faire passer qu'un.

Il a été démontré qu'on peut toujours faire passer un plan par trois points donnés non en ligne droite ; donc, en conduisant un plan par les deux points donnés et le centre de la sphère, ce plan coupera la sphère suivant un grand cercle, dont la circonférence rencontrera les deux points donnés. Je dis de plus que par ces deux points, on ne peut généralement faire passer qu'un seul grand cercle. En effet, tant que les deux points donnés et le centre de la sphère, ne seront pas en ligne droite, on ne pourra, par ces trois points, faire passer qu'un seul plan, par suite, un seul grand cercle pourra passer par les deux points donnés ; mais quand les deux points donnés seront les extrémités d'un même diamètre, on pourra par les deux points donnés faire passer une infinité de grands cercles, puisque par une même droite, on peut faire passer une infinité de plans.

THÉORÈME.

6. *Deux grands cercles se coupent toujours en deux parties, égales entr'elles.*

Les plans des deux grands cercles, se coupent nécessairement suivant un diamètre commun, lequel partage chacun d'eux en deux parties égales. Mais puisque les deux grands cercles sont égaux, leurs moitiés sont aussi égales. C. Q. F. D.

THÉORÈME.

7. *Dans tout triangle sphérique, chaque côté est plus petit que la somme des deux autres.*

Soit AB le plus grand des trois côtés d'un triangle sphé- Fig. 197. rique quelconque ABC, et O le centre de la sphère. Si nous concevons un angle trièdre ayant son sommet au point O, et dont les faces seront les angles plans AOB, AOC, BOC, nous aurons

$$AOB < AOC + BOC.$$

XIII. 37.

27

Remplaçant les angles par les arcs qui leur servent de mesure, il vient

$$AB < AC + BC. \qquad C.\ Q.\ F.\ D.$$

Corollaire. Dans tout triangle sphérique, chaque côté est plus grand que la différence des deux autres.

Scholie. Comme les arcs AB, AC, BC, qui entrent dans l'inégalité précédente, appartiennent à des cercles de même rayon, il en résulte que cette inégalité existe, quelle que soit l'unité linéaire à laquelle on rapporte ces arcs.

THÉORÈME.

8. *Dans tout polygone sphérique, chaque côté est moindre que la somme des autres côtés de ce polygone.*

Deux cas pourront se présenter, ou le polygone sera convexe, ou il sera concave.

Fig. 198. 1° Soit AB le plus grand des côtés d'un polygone convexe ABCDE, je joins par des arcs de grands cercles, le sommet A avec les autres sommets non adjacents de ce polygone, et j'aurai successivement

$$AB < BC + AC$$
$$AC < CD + AD$$
$$AD < DE + AE.$$

Ajoutant ces inégalités membre à membre, et supprimant ensuite AC+AD aux deux membres de l'inégalité résultante, il vient

$$AB < BC + CD + DE + AE. \qquad C.\ Q.\ F.\ D.$$

Fig. 199. 2° Considérons le polygone concave ABCDEFG, dans lequel les angles C et G, par exemple, seront *rentrants;* en supposant que AB soit le plus grand des côtés de ce polygone, je dis qu'on aura encore

$$AB < BC + CD + DE + EF + FG + AG.$$

Joignant le point A au point F par l'arc de grand cercle AF,

203

et le point B au point D, par l'arc de grand cercle BD, j'aurai successivement

$$BD < BC + CD$$
$$AF < FG + AG.$$

Ajoutant ces deux inégalités membre à membre, et augmentant de la quantité DE+EF, les deux membres de l'inégalité résultante, il vient

$$BD + DE + EF + AF < BC + CD + DE + EF + FG + AG;$$

mais le polygone ABDEF étant convexe, l'on a, en vertu du 1er cas,

$$AB < BD + DE + EF + AF.$$

Donc, à plus forte raison

$$AB < BC + CD + DE + EF + FG + AG. \quad C. Q. F. D.$$

THÉORÈME.

9. *Le plus court chemin d'un point à un autre sur la surface de la sphère, est le plus petit des deux arcs du même grand cercle, qui passent par ces deux points.*

Soient A et B les deux points donnés, et AB le plus petit des deux arcs de grand cercle qui passent par ces deux points; je dis que l'arc AB sera plus petit que toute autre courbe AMNRSPB, menée sur la surface de la sphère du point A au point B. Je partage cette courbe en un nombre infini d'arcs convexes infiniment petits, je tire les cordes AC, CD, etc., de ces arcs, et je trace les arcs de grands cercles AmC, CnD, etc. Je remarque maintenant que l'arc de courbe AMC, est égal à l'arc de grand cercle AmC, car chacun d'eux est égal à la corde AC; par la même raison, l'arc de courbe CND est égal à l'arc de grand cercle CnD, et ainsi de suite; donc, la ligne courbe AMNRSPB, est égale à la ligne courbe $AmCnDrEsFpB$. Mais dans tout polygone sphérique, un côté quelconque est plus petit que la somme des autres côtés; par conséquent

$$AB \text{ est} < AmCnDrEsFpB.$$

Fig. 200.

Donc aussi

$$AB \text{ est} < AMNRSPB. \quad\quad C. Q. F. D.$$

Scholie. Quand sur la surface de la sphère, la distance *sphérique* de deux points donnés, est égale à la distance sphérique de deux autres points, la distance *rectiligne* des deux premiers, est la même que la distance rectiligne des deux autres, car dans des cercles égaux, les arcs égaux sont soustendus par des cordes égales. Réciproquement, lorsque sur la surface de la sphère, la distance rectiligne de deux points donnés, est la même que la distance rectiligne de deux autres, la distance sphérique des deux premiers, est aussi égale à la distance sphérique des deux seconds, car dans des cercles égaux, les cordes égales soustendent des arcs égaux.

THÉORÈME.

Fig. 201.

10. *La somme des côtés de tout polygone sphérique convexe ABCD , est moindre que la circonférence d'un grand cercle.*

Concevons un angle polyèdre ayant son sommet au centre O de la sphère, et dont les faces seront les angles plans AOB, BOC, etc. En vertu du théorème déjà démontré, nous aurons

XIII. 40.

$$AOB + BOC + COD + AOD < 4K;$$

K désignant toujours l'angle droit. Si nous remplaçons maintenant les angles par les arcs qui leur servent de mesure, il viendra, en nommant C la circonférence d'un grand cercle,

$$AB + BC + CD + AD < C. \quad\quad C. Q. F. D.$$

THÉORÈME.

11. *Pour un cercle quelconque tracé sur la surface de la sphère , il existe deux points de cette surface , qui sont chacun également distants de tous les points de la circonférence de ce cercle.*

Considérons d'abord un grand cercle AB, et du centre O de la sphère, élevons une perpendiculaire sur le plan de ce cercle. Comme chaque point d'une telle perpendiculaire est également distant de tous les points de la circonférence AB, les points M et N où cette perpendiculaire perce la surface de la sphère, sont aussi également distants chacun de tous les points de la circonférence AB ; de plus, les points M et N sont les seuls points de la surface de la sphère jouissant de cette propriété, car tout point extérieur à cette perpendiculaire MN, est inégalement distant de tous les points de la circonférence AB.

Considérons maintenant le petit cercle CD, et du centre O de la sphère, abaissons une perpendiculaire OP, sur le plan de ce petit cercle. Comme le point P est le centre du petit cercle CD, chacun des points M et N où la perpendiculaire OP perce la surface de la sphère, est également éloigné de tous les points de la circonférence CD ; de plus, ainsi que dans le 1er cas, les points M et N sont les seuls points de la surface de la sphère, jouissant de cette propriété.

Corollaire. Si par le centre O de la sphère, on mène un diamètre MN, *perpendiculaire au plan d'un grand cercle* AB, *chacune des extrémités* M *et* N *de ce diamètre, sera également éloignée de tous les points de la circonférence* AB, *et aussi de tous les points de la circonférence* CD, *de tout petit cercle parallèle au grand cercle* AB.

Scholie. Les points M et N ont été nommés *pôles* des cercles AB, CD. Le théorème qui vient d'être démontré, peut donc s'énoncer en disant *que tout cercle de la sphère a deux pôles et n'en a pas davantage.*

THÉORÈME.

12. *Chacun des pôles d'un grand cercle, est éloigné d'une quantité égale à un quadrant, de tous les points de la circonférence de ce cercle.*

On nomme *quadrant* le quart de la circonférence d'un

Fig. 202. grand cercle. Cela posé, soit AB un grand cercle, O son centre, M et N les pôles de ce grand cercle, et H un point quelconque de la circonférence AB. Conduisant un plan par les points H, M, N, ce plan coupera la surface de la sphère suivant un grand cercle passant par ces trois points, de sorte que les arcs MH, NH, mesureront sur la sphère, les distances au point H des deux pôles M et N. Pour démontrer que les arcs MH, NH, sont égaux chacun à un quadrant, je joins le point H au point O, et je fais remarquer que le diamètre MN, étant perpendiculaire au plan du grand cercle AB, est aussi perpendiculaire à OH; d'où il suit que les angles MOH, NOH, sont droits. Mais ces angles ont respectivement pour mesure les arcs MH, NH; donc les arcs MH, NH, sont égaux chacun à un quadrant.   C. Q. F. D.

1re *scholie. Tout point extérieur à la circonférence d'un grand cercle, est éloigné de chacun des pôles de ce grand cercle, d'une quantité plus petite ou plus grande qu'un quadrant.* Cela est évident.

2e *scholie. Chacun des pôles d'un petit cercle, est éloigné d'une quantité inégale à un quadrant, de tous les points de la circonférence de ce cercle.* En effet, si par le centre de la sphère on mène un plan parallèle au plan du petit cercle, on obtiendra un grand cercle ayant les mêmes pôles que le petit cercle. Mais alors, en vertu de la scholie précédente, tous les points de la circonférence de ce petit cercle, seront éloignées de chacun des pôles, d'une quantité qui sera plus petite ou plus grande qu'un quadrant.

THÉORÈME.

13. *Si tous les points d'une ligne courbe tracée sur la surface de la sphère, sont également distants d'un point de cette surface, cette ligne courbe est un cercle.*

Fig. 202. Soit CED une ligne courbe tracée sur la surface de la sphère, et dont tous les points soient également distants d'un point M de cette surface. Ayant pris sur cette courbe trois points à volonté C, E, D, je fais passer un plan par ces trois points, lequel coupera la sphère suivant un cercle; soit P le centre de ce cercle que je nommerai P, et je joins le point P au point M. Comme le point M est également distant de trois points de la circonférence P, puisque ces trois points appartiennent à la courbe CED, la ligne MP perpendiculaire sur le plan du cercle P, d'où il suit que cette ligne MP ira passer par le centre de la sphère. Donc, le point M est un des pôles du cercle P. Mais alors la distance au point M de tous les points de la circonférence du cercle, qui passe par les points C, E, D, est égale à l'arc de grand cercle MC, ce qui exige que tous les points de la courbe CED soient situés sur cette circonférence. Donc, la courbe CED est un cercle.   C. Q. F. D.

Corollaire. Si d'un point quelconque M, pris pour pôle, on décrit une ligne courbe sur la surface de la sphère, avec un intervalle quelconque, cette ligne courbe sera un grand cercle ou un petit cercle. Un grand cercle, quand l'intervalle décrivant sera égal à un quadrant, et un petit cercle, quand cet intervalle ne sera pas égal à un quadrant.

12.

Scholie. Si l'on joint par un arc de grand cercle MH, l'un des pôles M d'un grand cercle AB, avec un point quelconque H de la circonférence de ce grand cercle, l'arc MH sera perpendiculaire à la circonférence AB, car le plan de l'arc MH, contenant le diamètre MN, est conduit suivant une ligne perpendiculaire au point O sur le plan du grand cercle AB. Je ferai remarquer aussi que l'arc MH prolongé, ira passer par l'autre pôle N du grand cercle AB.

Fig. 202.

THÉORÈME.

14. Si par le milieu *m* d'un arc de cercle *ab*, tracé sur la sphère, on élève perpendiculairement sur cet arc un arc de grand cercle *m*C,

Fig. 203.

1° *Chaque point* C *de l'arc* m C, *sera également distant des extrémités* a *et* b.

2° *Tout point* D *de la surface de la sphère, extérieur à l'arc mC, ne sera pas également distant des extrémités a et b.*

1° Du centre O de la sphère, je mène OP perpendiculaire au plan de l'arc ab, et je prolonge cette perpendiculaire jusqu'à sa rencontre en M et N avec la surface de la sphère. Je détermine ainsi le centre P du cercle, auquel appartient l'arc ab, et les pôles M et N de ce cercle. Je fais remarquer maintenant que le plan de l'arc mC, contient le diamètre MN, car ce plan, qui, par hypothèse, est perpendiculaire au plan de l'arc ab, contient aussi le centre de la sphère ; donc, l'arc mC prolongé, ira passer par les pôles M et N, et de plus, le plan de cet arc coupera suivant la droite Pm, le plan de l'arc ab; donc, en abaissant du point C une perpendiculaire sur le plan de l'arc ab, le pied de la perpendiculaire tombera sur la ligne Pm. Soit p le pied de cette perpendiculaire, tirons les lignes pa, pb, les lignes Pa, Pb, et joignons enfin le point C aux points a et b, par les droites Ca, Cb. Les lignes Pa, Pb, sont égales comme rayons d'un même cercle, les angles aPm, bPm, sont égaux comme ayant respectivement pour mesure les arcs égaux am, bm, et comme le côté Pp est commun aux deux triangles aPp, bPp, il s'ensuit que ces triangles sont égaux ; par suite, $pa=pb$, et aussi Ca=Cb, car ces deux lignes sont des obliques s'écartant également du pied p de la perpendiculaire Cp. Mais puisque les distances rectilignes de C en a, et de C en b, sont égales, ces mêmes distances mesurées sur la sphère, sont aussi égales. C. Q. F. D.

2° Même démonstration que pour le cas analogue de la géométrie plane. (Voy. V. 6.)

1er *corollaire. Tout point* C *de la surface de la sphère, également distant des extrémités a et b d'un arc de cercle ab, tracé sur cette surface, est situé sur l'arc de grand cercle, perpendiculaire sur le milieu de l'arc ab.*

2° *corollaire. Si deux points* C *et* H *de la surface de la sphère, sont également distants chacun des extrémités* a *et* b, *d'un arc de cercle* ab *tracé sur cette surface, l'arc de grand cercle passant par les deux points* C *et* H, *sera perpendiculaire sur le milieu de l'arc* ab.

PROBLÈME.

15. *Trouver le pôle d'un grand cercle.*

Soit proposé de trouver le pôle du grand cercle AB. Ayant pris sur la circonférence du grand cercle AB, deux points quelconques H et R, on décrira de ces points pris pour pôles, des arcs de grands cercles, avec un intervalle égal à un quadrant; ces arcs se rencontreront en un certain point M qui sera le pôle demandé. En effet, si de ce point on décrit un cercle avec un intervalle égal à un quadrant, ce cercle sera un grand cercle passant par les deux points donnés, et qui par conséquent, coïncidera avec le grand cercle donné.

Scholie. Si l'on donnait seulement les deux points H, R, du grand cercle, on déterminerait de la même manière le pôle de ce grand cercle.

PROBLÈME.

16. *Par deux points donnés* H *et* R *de la surface de la sphère, faire passer un grand cercle.*

On déterminera d'abord le pôle M de ce grand cercle, et de ce point, on décrira un grand cercle avec un intervalle égal à un quadrant; le grand cercle ainsi obtenu, passera par les deux points donnés.

PROBLÈME.

17. *Par un point donné, pris sur un arc de cercle tracé sur la sphère, élever sur cet arc un arc de grand cercle qui lui soit perpendiculaire.*

On fera sur la sphère les mêmes constructions que dans un plan, quand il s'agit d'élever en un point donné d'une ligne, une perpendiculaire sur cette ligne. (Voy. V. 21.)

28

Scholie. S'il fallait *partager en deux parties égales un arc de cercle tracé sur la sphère, ou abaisser sur cet arc, d'un point donné, un arc de grand cercle perpendiculaire,* on opérerait sur la sphère comme on opère dans un plan quand on veut partager une droite en deux parties égales, ou abaisser une perpendiculaire sur une ligne droite, d'un point extérieur à cette droite. (Voy. V. 23. 22.)

PROBLÈME.

18. *Trouver le pôle d'un petit cercle.*

Ayant pris deux points à volonté sur la circonférence du petit cercle, on élevera par chacun de ces points perpendiculairement, sur la circonférence de ce petit cercle, des arcs de grands cercles. Le point de rencontre de ces deux arcs sera le pôle cherché, puisque ce pôle doit se trouver à la fois sur chacun d'eux.

14. 1er cas.

PROBLÈME.

Fig. 203.

19. *Par trois points donnés a, b, c, pris sur la surface de la sphère, faire passer un cercle.*

On déterminera le pôle M du cercle qu'on veut décrire, en élevant deux arcs de grands cercles, l'un perpendiculaire sur le milieu de l'arc *ab,* l'autre sur le milieu de l'arc *bc;* ensuite, du point M, avec l'intervalle M*a,* on décrira un cercle qui passera par les trois points donnés.

PROBLÈME.

Fig. 204.

20. *Déterminer par une construction plane, le rayon d'un cercle passant par trois points donnés A, B, C, de la surface de la sphère.*

A l'aide d'un compas, on mesurera sur la sphère les trois cordes AB, AC, BC, et l'on construira sur un plan un triangle égal au triangle ABC. Ce triangle une fois construit, on fera passer un cercle par les trois sommets, et le cercle ainsi obtenu, sera évidemment égal au cercle de la sphère.

Corollaire. Le problème que nous venons de résoudre, fournit le moyen de déterminer le rayon d'une sphère quand ce rayon est inconnu ; il suffit pour cela, de marquer sur la sphère trois points de la circonférence d'un grand cercle, et de déterminer ensuite le rayon du cercle passant par ces trois points.

14. Cor. 1.

THÉORÈME.

21. *Tout plan perpendiculaire à l'extrémité d'un rayon, est tangent à la sphère, et réciproquement, tout plan tangent à la sphère, est perpendiculaire à l'extrémité du rayon qui passe au point de contact.*

1° Soit MN un plan perpendiculaire à l'extrémité D du rayon OD. Je prends dans le plan MN un point quelconque E, autre que D, et je dis que ce point E sera extérieur à la sphère. Tirant la droite OE, nous aurons OE>OD ; mais OD est un rayon, donc OE est plus grande qu'un rayon, donc le point E est extérieur à la sphère ; par conséquent, le plan MN est tangent à la sphère.   C. Q. F. D.

Fig. 204.

2° Je suppose le plan MN tangent à la sphère au point D, et je dis que OD sera perpendiculaire au plan MN. Le plus court chemin du point O au plan MN est OD, puisque tous les points du plan MN, sauf le point C, sont extérieurs à la sphère ; donc OD est perpendiculaire sur le plan MN. C. Q. F. D.

XIII. 9

Corollaire. Par un point donné pris sur la surface de la sphère, on ne peut mener à cette sphère qu'un seul plan tangent. Car si l'on pouvait en mener deux, tous deux seraient perpendiculaires à l'extrémité du même rayon, ce qui est impossible. Donc, etc.

THÉORÈME.

22. *L'angle AMH, compris entre deux arcs de grands cercles, a pour mesure tout arc de cercle CE, décrit du sommet M comme pôle, entre les côtés de cet angle.*

Fig. 202.

Les plans des arcs AM, HM, se coupent suivant un diamètre MN, perpendiculaire au plan de l'arc CE ; par conséquent, le point d'intersection P de ce plan et du diamètre

MN, est le centre de l'arc CE. Joignons maintenant le point P avec chacun des points C et E; comme la ligne MP est perpendiculaire à chacune des droites PC, PE, lesquelles sont respectivement situées dans les plans des arcs AM, HM, il en résulte que l'angle CPE est le module de l'angle dièdre formé par les plans de ces arcs. Mais l'angle CPE a pour mesure l'arc CE, donc aussi l'angle dièdre des plans des deux arcs, ou simplement l'angle de ces arcs, a pour mesure l'arc CE.   C. Q. F. D.

Corollaire. Les arcs CE, AH, etc., décrits du point M comme pôle, entre les côtés de l'angle AMH, sont tous *d'un même nombre de degrés.*

Scholie. Si l'on mène au point M deux tangentes MX, MY, aux arcs de grands cercles AM, HM, que nous considérons, l'angle XMY de ces tangentes sera égal à l'angle CPE, et mesurera aussi, par conséquent, l'inclinaison des deux arcs AM, HM.

PROBLÈME.

23. *En un point donné d'un arc de grand cercle, faire passer un arc de grand cercle, qui fasse avec le premier un angle égal à un angle donné.*

On opérera sur la sphère, comme on a opéré dans un plan, quand il s'est agi de construire un angle égal à un angle donné. (Voy. VI. 14.)

24. On nomme *fuseau*, la partie de la surface de la sphère, comprise entre deux demi-grands cercles qui se terminent à un diamètre commun.

L'*onglet sphérique* est la partie du solide de la sphère, comprise entre les mêmes demi-grands cercles, et à laquelle le fuseau sert de base.

Une *zone sphérique* est la partie de la surface de la sphère, comprise entre deux plans parallèles. Les cercles que ces plans interceptent sur la sphère, sont les *bases* de la zone. Si l'un de ces deux plans est tangent à la sphère, la zone n'a qu'une base.

Pendant que le demi-cercle ACB engendre la sphère en tournant autour de son diamètre AB, tout arc CD décrit une zone, car les perpendiculaires CP, DQ, décrivent des plans perpendiculaires aux points P et Q sur le diamètre AB. La zone à une base, est engendrée par un arc AC ayant son origine à l'une des extrémités du diamètre AB. Fig. 195.

Un segment sphérique est la partie du solide de la sphère, comprise entre deux plans parallèles. Les cercles que ces plans interceptent sur la sphère, sont les *bases* du segment. Si l'un de ces plans est tangent à la sphère, le segment n'a qu'une base.

La *hauteur* d'une zone ou d'un segment, est la distance des deux plans parallèles qui terminent cette zone ou ce segment.

Tandis que le demi-cercle ACB tourne autour du diamètre AB et engendre la sphère, le secteur circulaire AOC décrit un solide qu'on nomme *secteur sphérique*.

25. *Énoncés de questions à résoudre.*

I. La courbe d'intersection de deux sphères, est un cercle, dont le plan est perpendiculaire à la ligne des centres, et dont le centre est situé sur cette même ligne.

II. Les conditions d'intersection et de contact de deux sphères, sont les mêmes que les conditions d'intersection et de contact de deux cercles.

III. Quand deux cercles de la sphère se coupent, si l'on conduit un plan par les pôles de ces deux cercles et par le centre de la sphère, ce plan partagera en deux parties égales, les arcs interceptés sur chaque cercle par la circonférence de l'autre.

CHAPITRE XVI.

Mesure des surfaces cylindriques, côniques. — Surface de la sphère, engendrée par la rotation d'un polygone régulier d'un nombre infini de côtés.

THÉORÈME.

1. *La surface convexe d'un cylindre, a pour mesure la circonférence de la base de ce cylindre, multipliée par la hauteur.*

XIV. 7. cor.   La surface convexe d'un cylindre se développant en un rectangle, cette surface convexe a pour mesure le produit de la base et de la hauteur de ce rectangle. Mais la hauteur et la base du rectangle, sont respectivement équivalentes à la hauteur et à la circonférence de la base du cylindre; donc, etc. D'après cela, si nous désignons par A, h, r, la surface convexe, la hauteur, et le rayon de la base du cylindre, nous aurons

$$A = 2\pi r h.$$

Si l'on suppose par exemple $r = 10^m$, $h = 5^m$, on trouvera, après tous calculs faits, $A = 314,16$ mètres carrés.

THÉORÈME.

2. *La surface convexe d'un cône, a pour mesure la circonférence de la base de ce cône, multipliée par la moitié du côté.*

XIV. 13. cor.   La surface convexe d'un cône se développant en un secteur de cercle, cette surface convexe a pour mesure le produit de la moitié du rayon et de la base de ce secteur. Mais le rayon et la base du secteur sont respectivement équivalents au côté et à la circonférence de la base du cône ; donc, etc. D'après cela, si nous désignons par B, c, r, la surface convexe, le côté, et le rayon de la base du cône, nous aurons

$$B = \pi r c.$$

Si l'on suppose , par exemple, $r=10^m, c=50^m$, on trouvera
$B=1570,8$ mètres carrés.

THÉORÈME.

5. *La surface convexe d'un tronc de cône , a pour
mesure le côté de ce tronc , multiplié par la demi-somme
des circonférences des deux bases.*

Soit BCDE un tronc de cône , BAC le cône dont il dérive,   Fig. 205.
et AP l'axe du cône. Suivant l'axe AP je conduis un plan,
et je fais remarquer que ce plan coupera les bases du solide
BCDE suivant deux diamètres parallèles BC , DE , et la surface, suivant les lignes BD , CE , qui seront égales chacune
au *côté* du tronc. Dans le plan qui vient d'être mené , j'élève
aux points C et E deux perpendiculaires , je prends
CF=circ. CP, je tire AF qui rencontre en un certain point
K la perpendiculaire du point E , et je dis que les triangles
CAF, EAK , seront respectivement équivalents aux surfaces
convexes du cône BAC, et du petit cône DAE. D'abord , la
surface convexe du cône BAC, est équivalente au triangle
CAF, car la mesure de la surface du cône est exprimée
par $\frac{1}{2}$AC.circ.CP, et celle du triangle par $\frac{1}{2}$AC.CF. Or,
ces deux mesures sont égales, puisque par construction
CF=circ.CP. Comparons maintenant au triangle EAK , la
surface convexe du petit cône DAE. Les circonférences des
cercles étant entr'elles comme leurs rayons, nous avons
d'abord

circ.CP : circ.Ep::CP : Ep.

Mais les triangles CAP, EAp, étant semblables ,

CP : Ep::AC : AE ;

donc

circ.CP : circ.Ep::AC : AE.

Les triangles semblables CAF, EAK , donnent aussi

CF : EK::AC : AE,

par suite

circ.CP : circ.Ep::CF : EK.

Mais dans cette proportion CF=circ.CP, donc aussi EK=circ.Ep. La surface convexe du petit cône DAE, est donc équivalente au petit triangle EAK, car ces deux surfaces ont pour mesure : celle du cône $\frac{1}{2}$AE.circ.Ep, celle du triangle $\frac{1}{2}$AE.EK=$\frac{1}{2}$AE.circ.Ep. Maintenant, si de la surface du cône BAC, je retranche la surface du petit cône DAE, il restera la surface du tronc BCDE ; et si du triangle entier CAF, je retranche pareillement le petit triangle EAK, il restera le trapèze CFEK, donc, la surface du tronc est équivalente à ce trapèze. Or, le trapèze a pour mesure $CE\frac{CF+EK}{2}$, la surface du tronc a donc la même mesure. Nommant t l'aire du tronc, et nous rappelant que les lignes CF et EK, sont respectivement équivalentes à circ.CP et à circ.Ep, nous aurons

$$t=CE\frac{circ.CP+circ.E p}{2}. \qquad \text{C. Q. F. D.}$$

Pour simplifier cette formule, nommons l le côté du tronc, R et r les rayons des bases, et remplaçons circ.CP et circ.Ep, par leurs valeurs respectives $2\pi R$ et $2\pi r$; il vient

$$t=l\frac{2\pi R+2\pi r}{2};$$

simplifiant le second membre, et mettant ensuite π en facteur commun dans la formule précédente, cette formule devient enfin

$$t=\pi l(R+r).$$

Si l'on suppose, par exemple, $l=10^m$, $R=7^m$, $r=3^m$, on trouvera $t=314,16$ mètres carrés.

Corollaire. Si par le point H, milieu de CE, on mène une ligne HG perpendiculaire à CE, et un plan perpendiculaire à l'axe du tronc, ce plan coupera le tronc suivant un cercle, et l'on aura, en nommant q le centre de ce cercle,

$$HG=circ.Hq.$$

Mais le trapèze CFEK a également pour mesure CE . HG, XII. 7 sch. donc aussi

$$t = \text{CE . HG}.$$

Remplaçant HG par sa valeur circ.IIq, il vient

$$t = \text{CE.circ.H}q.$$

Donc, la surface d'un tronc de cône a aussi pour mesure *le côté de ce tronc, multiplié par la circonférence de la section faite dans ce solide, par un plan mené par le milieu du côté perpendiculairement à l'axe.*

Scholie. Si dans la formule

$$t = \pi l(\text{R} + r),$$

on suppose successivement $r = \text{R}$, $r = 0$, cette formule donnera

$$t = 2\pi\text{R}l, \text{ et } t = \pi\text{R}l.$$

La 1re de ces deux valeurs de t, exprime la surface d'un cylindre dont le rayon de la base et la hauteur seraient R et l; la 2° exprime la surface d'un cône dont le rayon de la base et le côté seraient pareillement R et l. Or, en effet, le cône tronqué se change en un *cylindre* ou en un *cône*, suivant que le rayon de l'une des bases, devient égal au rayon de l'autre base, ou devient nul, car alors le trapèze générateur du tronc se change en un *rectangle* ou en un *triangle rectangle.* Par conséquent, si *une ligne finie* CE, *située* Fig. 205. *toute entière d'un même côté d'une droite* Pp, *et dans le même plan, tourne autour de* Pp, *la surface engendrée par* CE, *aura pour mesure*

$$\text{CE}\frac{\text{circ.CP} + \text{circ.E}p}{2}, \text{ ou } \text{CE.circ.H}q;$$

les lignes CP, Ep, Hq, étant des perpendiculaires abaissées sur Pp, des extrémités et du milieu de CE.

LEMME.

4. *Soit* O *le centre d'une ligne polygonale régulière* ABCDEF, *et* XY *une ligne droite passant par le point* O; Fig. 206.

en supposant la ligne polygonale, située toute entière d'un même côté de XY et dans le même plan, et faisant ensuite tourner cette ligne autour de XY, la surface ainsi engendrée aura pour mesure sa hauteur PQ (ou la partie de XY comprise entre les perpendiculaires extrêmes AP, FQ) multipliée par la circonférence du cercle inscrit à cette ligne polygonale.

Des sommets B, C, D, E, j'abaisse sur l'axe XY les perpendiculaires BR, CS, etc., et je fais remarquer que la surface engendrée par la ligne polygonale régulière, sera égale à la somme des surfaces engendrées par les divers côtés AB, BC, etc.; par conséquent, on aura

$$\text{surf.ABCDEF} = \text{surf.AB} + \text{surf.BC} + \text{etc.}$$

La question est ainsi ramenée à évaluer séparément les surfaces engendrées par les divers côtés de la ligne ABCDEF. Pour évaluer surf. AB, j'abaisse du milieu M de AB, MK perpendiculaire à XY, et du point A je mène aussi AH parallèle à XY. Je détermine ainsi deux triangles ABH, OMK, ayant leurs côtés perpendiculaires chacun à chacun, et qui donnent par conséquent

$$\text{AB} : \text{AH} :: \text{OM} : \text{MK}.$$

XI. 11. Remplaçant dans cette proportion, AH par son égal PR, et (OM : MK) par son égal (circ.OM : circ.MK), il vient

$$\text{AB} : \text{PR} :: \text{circ.OM} : \text{circ.MK},$$

d'où l'on tire, en faisant le produit des extrêmes et celui des moyens,

$$\text{AB.circ.MK} = \text{PR.circ.OM}.$$

Mais en vertu de ce qui a été démontré au théorème précédent (Voy. Sch.),

$$\text{surf.AB} = \text{AB.circ.MK}.$$

Donc aussi

$$\text{surf.AB}=\text{PR.circ.OM.} \quad \text{Par la même raison}$$
$$\text{surf.BC}=\text{RS.circ.OM},$$
$$\text{surf.CD}=\text{ST.circ.OM},$$
$$\text{etc.}$$

Ajoutant toutes ces égalités membre à membre, et mettant circ.OM en facteur commun, il vient

$$\text{surf.ABCDEF}=(\text{PR}+\text{RS}+\text{ST}+\text{etc.})\text{circ.OM.}$$

Or, $\qquad\qquad \text{PR}+\text{RS}+\text{ST}+\text{etc.}=\text{PQ};\qquad$ donc enfin

$$\text{surf.ABCDEF}=\text{PQ.circ.OM.}\qquad \text{C. Q. F. D.}$$

THÉORÈME.

5. *La surface de la sphère a pour mesure le diamètre de cette sphère, multiplié par la circonférence d'un grand cercle.*

Soit ACB le demi-cercle générateur de la sphère. La demi-circonférence ACB, pouvant être considérée comme une ligne polygonale régulière infinitésimale, nous aurons pour la surface f engendrée, Fig. 195.

$$f=2\text{R.circ.}r.$$

R et r désignant le rayon et l'apothême de la ligne génératrice ACB. Mais r ne diffère de R que d'une quantité infiniment petite, donc

$$f=2\text{R.circ.R.}\qquad \text{C. Q. F. D.}$$

Corollaire. Si dans cette formule on remplace circ.R, par sa valeur $2\pi\text{R}$, elle deviendra

$$f=4\pi\text{R}^2.$$

D'où l'on conclut *que la surface de la sphère est aussi équivalente à 4 fois la surface d'un grand cercle.*

Scholie. La surface de la sphère étant formée de la somme des surfaces d'une infinité de troncs de cônes infiniment petits, produits par la rotation des divers éléments de la demi-circonférence génératrice, il en résulte que la surface de la sphère est composée d'une infinité de faces planes infiniment petites dans tous les sens. *On peut donc considérer la sphère comme un polyèdre infinitésimal.*

THÉORÈME.

6. *L'aire d'un fuseau est égale au diamètre de la sphère multiplié par l'arc de grand cercle qui sert de mesure à l'angle de ce fuseau.*

Fig. 202. Soit AMHN un fuseau, entre les côtés duquel je décris du point M, pris pour pôle, l'arc de grand cercle AH. Il est évident que le fuseau est à la surface de la sphère, comme l'arc AH est à la circonférence du grand cercle AHB; donc en nommant f l'aire du fuseau, R le rayon de la sphère, et a l'arc AH rapporté à la même unité que le rayon R, nous aurons

$$f : 4\pi R^2 : : a : 2\pi R,$$

d'où l'on tire

$$f = 2Ra. \quad \text{C. Q. F. D.}$$

Scholie. m désignant le nombre des degrés de l'arc a, si dans la formule précédente on remplace a par sa valeur XII. 14. $\dfrac{\pi R m}{180}$, cette formule deviendra

$$f = \frac{\pi R^2 m}{90}.$$

En supposant, par exemple, $R = 10^m$, $m = 20°$, on trouvera $f = 69,702$ mètres carrés.

THÉORÈME.

7. *La surface de la zone a pour mesure la hauteur de cette zone, multipliée par la circonférence d'un grand cercle.*

Fig. 195. Soit CD l'arc générateur de la zone, et R le rayon de cet arc; l'arc CD pouvant être considéré comme une ligne polygonale régulière infinitésimale, nous aurons, pour la surface z de la zone engendrée,

$$z = PQ.circ.r;$$

r désignant l'apothême de la ligne génératrice CD. Mais r ne diffère du rayon R que d'une quantité infiniment petite, donc

$$z = PQ.circ.R. \quad \text{C. Q. F. D.}$$

Corollaire. Si, pour abréger, l'on désigne PQ par H, et qu'on remplace ensuite dans la formule précédente, circ.R par sa valeur $2\pi R$, cette formule deviendra

$$z = 2\pi RH.$$

En supposant, par exemple, $R = 5^m$, $H = 2^m$, on trouvera $z = 62,832$ mètres carrés.

THÉORÈME.

8. *La surface de la sphère, est à la surface du cylindre circonscrit en y comprenant les deux bases* $: : 2 : 3$.

Soit ABCD un grand cercle de la sphère, et EFGH un carré circonscrit à ce grand cercle. Je tire les lignes AB, CD, et je fais remarquer que ces lignes étant deux diamètres perpendiculaires, l'un quelconque AB de ces diamètres, partage le carré en deux rectangles qui sont égaux, comme ayant chacun pour base le diamètre AB du cercle ABCD, et pour hauteur le rayon de ce cercle. Cela posé, en faisant tourner simultanément autour de AB, le demi-grand cercle ACB, et le rectangle AEBG, le demi-cercle engendrera la sphère, le rectangle, *le cylindre circonscrit*, et l'on aura, en nommant f et f' la surface de la sphère et celle du cylindre en y comprenant les deux bases, et R le rayon de la sphère,

Fig. 207.

$$f = 4\pi R^2, \; f' = 2\pi R.2R + 2\pi R^2 = 6\pi R^2.$$

Divisant ces deux égalités membre à membre, il vient, après toutes simplifications faites,

$$\frac{f}{f'} = \frac{2}{3}. \quad \text{C. Q. F. D.}$$

Scholie. La surface de la sphère est équivalente à la surface convexe du cylindre circonscrit.

CHAPITRE XVII.

Volumes des parallèlipipèdes, des prismes, et du cylindre.

THÉORÈME.

1. *Deux prismes droits sont égaux, quand ils ont des bases égales et des hauteurs égales.*

Ayant fait coïncider les bases des deux prismes, les arêtes parallèles de l'un, prendront respectivement les directions des arêtes correspondantes de l'autre; et comme par hypothèse ces arêtes sont égales, tous les sommets de la base supérieure de l'un des prismes, tomberont sur les sommets correspondants de la base supérieure de l'autre; par suite, les deux prismes coïncideront parfaitement. C. Q. F. D.

THÉORÈME.

2. *Deux prismes de même longueur, compris sous les mêmes parallèles, sont équivalents.*

Fig. 208. Soient ABCDE*abcde*, A'B'C'D'E'*a'b'c'd'e'*, deux prismes compris sous les mêmes parallèles, et tels que la longueur A*a* de l'un, soit égale à la longueur A'*a'* de l'autre. Pour démontrer que ces deux solides sont équivalents, je compare le solide ABCDEA'B'C'D'E', que j'appelle M, au solide *abcdea'b'c'd'e'* que j'appelle N, et je remarque d'abord que deux arêtes quelconques AA', *aa'*, de ces deux solides, sont égales comme étant composées d'une partie commune *a*A', et d'une partie égale A*a*=A'*a'*. Cela posé, je fais glisser le solide M sur le solide N, en assujétissant l'arête BB' à glisser le long de XX', et la droite BA à se mouvoir constamment dans le plan des parallèles XX', YY'; la ligne

BC se mouvra aussi dans le plan des parallèles XX′, ZZ′, car la face BCB′C′ faisant toujours le même angle avec le plan des parallèles XX′, YY′, coïncidera constamment avec le plan des parallèles XX′, ZZ′. Comme pendant le mouvement du solide M, les angles ABB′, CBB′, ne changent pas de grandeur, et restent par conséquent égaux aux angles *abb′*, *cbb′*, il en résulte que les lignes BA, BC, restent aussi parallèles aux droites *ba*, *bc*. A l'égard des arêtes AA′, CC′, comme dans toutes leurs positions ces lignes sont parallèles à XX′, et que d'ailleurs elles s'appuient constamment : l'une sur YY′, l'autre sur ZZ′, il s'ensuit que les droites AA′ et CC′ glissent respectivement le long de YY′ et de ZZ′. D'après cela, quand le point B arrivera en *b*, BA et BC prendront respectivement les directions *ba* et *bc*, les points A et C tomberont sur *a* et sur *c*, et les polygones égaux ABCDE, *abcde*, coïncideront parfaitement. Mais puisque BB′$=bb′$, AA′$=aa′$, CC′$=cc′$, quand B tombera sur *b*, B′ tombera sur *b′*, A′ sur *a′*, C′ sur *c′*, les polygones égaux A′B′C′D′E′, *a′b′c′d′e′*, coïncideront aussi parfaitement, partant, il en sera de même des solides M et N. Maintenant, si des deux solides égaux M et N, je retranche successivement la partie commune *abcde*A′B′C′D′E′, les restes seront équivalents ; mais ces restes, n'étant autre chose que les prismes comparés, il en résulte que les prismes comparés sont équivalents. **C. Q. F. D.**

Scholie. Si l'on fait glisser le solide N entre les parallèles, de manière à lui donner une position quelconque par rapport à M, le solide N ne cessera d'être équivalent à M. Donc, le théorème qui vient d'être démontré a lieu, quelle que soit la position relative des deux prismes.

THÉORÈME.

3. *Deux parallélipipèdes sont équivalents, quand ils ont des bases égales et des hauteurs égales.*

Ayant placé sur un même plan, et entre les mêmes parallèles, les bases inférieures des deux parallèlipipèdes donnés ABCD*abcd*, A'B'C'D'*a'b'c'd'*, que pour abréger je nommerai M et N, je fais remarquer que les bases supérieures de ces deux solides, seront situées dans un plan parallèle au plan des bases inférieures. Dans le plan des bases supérieures, je prolonge les lignes *ab*, *cd*, *a'c'*, *b'd'*, lesquelles déterminent en se rencontrant, un parallèlogramme EFGH, égal au parallèlogramme A'B'C'D', et sur ces deux parallèlogrammes, je construis un parallèlipipède P, auquel je compare chacun des parallèlipipèdes M et N. Les deux prismes M et P sont équivalents, car ils ont leurs longueurs AB, A'B', égales, et sont compris sous les mêmes parallèles AB', CD', *a*F, *c*H; par la même raison, le parallèlipipède N est équivalent à P, car ces deux solides ont même longueur A'C', et sont compris sous les mêmes parallèles A'C', B'D', E*c'*, F*d'*. Les solides M et N sont donc équivalents, puisqu'ils sont équivalents à un troisième.　　C. Q. F. D.

THÉORÈME.

4. *Un parallèlipipède quelconque, peut être changé en un parallèlipipède rectangle équivalent, ayant même hauteur et une base équivalente.*

Soit ABCD*abcd* le parallèlipipède donné, et je suppose d'abord que ce parallèlipipède soit droit. Des points A et B, j'abaisse sur CD les perpendiculaires AE, BF, qui déterminent un rectangle ABEF, équivalent au parallèlogramme ABCD; dans le plan CD*cd*, j'élève sur CD, aux points E et F, les perpendiculaires E*e*, F*f*, lesquelles sont perpendiculaires aux plans des bases du prisme donné, et par conséquent parallèles aux arêtes A*a*, B*b*, etc.; je joins aussi le point *a* au point *e*, le point *b* au point *f*, et j'observe que les lignes AE, *ae*, étant parallèles, ainsi que les lignes BF, *bf*, les angles *bae*, *abf*, sont droits, comme étant respectivement égaux aux angles droits BAE, ABF;

le quadrilatère *abef* est donc un rectangle égal au rectangle ABEF ; par suite, le solide ABEF*abef* est un parallèlipipède rectangle, et ce parallèlipipède est équivalent au parallèlipipède droit donné, comme ayant même longueur AB, étant compris sous les mêmes parallèles.   C. Q. F. D.

Si le parallèlipipède proposé n'était pas droit, on le changerait d'abord en un parallèlipipède droit équivalent, de même base et de même hauteur, puis on changerait celui-ci en un parallèlipipède rectangle équivalent, ayant même hauteur et une base équivalente. Donc, etc.

THÉORÈME.

5. *Si l'on conduit un plan par deux arètes parallèles opposées d'un parallèlipipède, ce plan décomposera le parallèlipipède en deux prismes triangulaires équivalents.*

Soit ABCD*abcd* un parallèlipipède quelconque, et suivant les arètes parallèles opposées A*a*, D*d*, je conduis un plan qui coupe les bases du prisme suivant les diagonales parallèles AD, *ad*, et décompose le parallèlipipède en deux solides ABD*abd*, ACD*acd*, lesquels sont évidemment des prismes triangulaires. Pour démontrer que ces prismes sont équivalents, je mène par les points A, *a*, deux plans perpendiculaires à l'arète A*a*, et je fais remarquer que ces plans étant parallèles, déterminent entre les arètes du prisme donné, un prisme droit AEFG*aefg*, que décompose en deux prismes triangulaires droits AEG*aeg*, AFG*afg*, le plan des arètes A*a*, D*d*. Mais ces prismes triangulaires droits sont égaux, ayant même hauteur et des bases égales ; de plus, ils sont respectivement équivalents aux prismes ABD*abd*, ACD*acd*, car ils ont même longueur A*a* que ces prismes, et sont compris sous les mêmes parallèles, donc aussi, les deux prismes triangulaires ABD*abd*, ACD*acd*, sont équivalents.   C. Q. F. D.

Fig. 211.

Corollaire. Tout prisme triangulaire est la moitié du parallèlipipède de même hauteur, construit sur une base double.

THÉORÈME.

6. *Le rapport d'un parallèlipipède rectangle quelconque, au cube construit sur l'unité linéaire, est égal au produit des trois dimensions du parallèlipipède.*

Fig. 153. Soit ABCD le rectangle qui sert de base au parallèlipipède donné, qu'il faut concevoir s'élevant au-dessus du plan ABCD; soit aussi EFGH le carré qui sert de base au cube construit sur l'unité linéaire, et qu'il faut aussi concevoir s'élevant au-dessus du plan EFGH. Cela posé, j'exprime par P et p les volumes du prisme et du cube, j'appelle h la hauteur du prisme, je fais AB$=b$, AC$=c$, et je dis qu'on aura

$$\frac{P}{p} = bch.$$

Je partage la base EF et la hauteur EG du carré, en un nombre entier infini d de parties égales infiniment petites, AB contiendra un nombre infini m, AC un nombre infini n, h un nombre infini r, de ces parties, et l'on aura

$$a = \frac{m}{d}, \quad b = \frac{n}{d}, \quad c = \frac{r}{d}.$$

Par chacun des points de division de la hauteur EG du carré, je conduis des parallèles à la base EF, et réciproquement, des divers points de division de la base, je mène des parallèles à la hauteur; je décompose ainsi le carré en XII.4. dd petits carrés égaux entr'eux, comme ayant chacun pour côté l'une des divisions de EF. En faisant dans le rectangle les mêmes constructions que dans le carré, on décomposera ce rectangle en mn petits carrés, égaux à ceux de EFGH. Cela fait, des divers points de division de la hauteur du cube, je conduis des plans parallèles au plan de la

base de ce solide, que je partage ainsi en d tranches égales
entr'elles; mais la 1re de ces tranches, à partir de la base,
contient évidemment dd petits cubes égaux, donc, le cube
entier renferme d fois dd, ou ddd de ces petits cubes; en
nommant q la mesure de chacun d'eux, on aura donc

$$p = dddq.$$

En effectuant dans le parallèlipipède les mêmes constructions que dans le cube, on décomposera ce parallèlipipède
en r tranches, renfermant chacune mn cubes égaux à q;
le parallèlipipède donné contiendra donc r fois mn ou mnr
de ces cubes, et l'on aura

$$P = mnrq.$$

Divisant maintenant P par p, il vient

$$\frac{P}{p} = \frac{mnrq}{dddq} = \frac{m}{d} \cdot \frac{n}{d} \cdot \frac{r}{d}.$$

Remplaçant $\frac{m}{d}$, $\frac{n}{d}$, $\frac{r}{d}$, par leurs valeurs respectives b,
c, h, on obtient en définitive

$$\frac{P}{p} = bch. \qquad \text{C. Q. F. D.}$$

THÉORÈME.

7. *Deux parallèlipipèdes rectangles quelconques,
sont entr'eux comme les produits de leurs trois dimensions.*

Soient P et P' ces deux parallèlipipèdes, et p le cube
construit sur l'unité linéaire. En nommant b, c, h, les trois
dimensions du parallèlipipède P, et b', c', h', les trois
dimensions du parallèlipipède P', nous aurons

$$\frac{P}{p} = bch, \quad \frac{P'}{p} = b'c'h';$$

divisant ces deux égalités membre à membre, il vient

$$\frac{P}{P'} = \frac{bch}{b'c'h'}. \qquad \text{C. Q. F. D.}$$

Corollaire. Si dans l'égalité précédente, on suppose alternativement $h=h'$, $bc=b'c'$, elle devient successivement

$$\frac{P}{P'}=\frac{bc}{b'c'}, \quad \frac{P}{P'}=\frac{h}{h'};$$

d'où l'on conclut que *deux parallèlipipèdes rectangles de même hauteur, sont entr'eux comme leurs bases, et que deux parallèlipipèdes rectangles de même base, sont entr'eux comme leurs hauteurs;* en observant que bc et $b'c'$ expriment respectivement les aires des bases des deux solides P et P'.

THÉORÈME.

8. *Un parallèlipipède rectangle a pour mesure le produit de ses trois dimensions, ou en d'autres termes, le produit de sa base et de sa hauteur, pourvu qu'on prenne pour unité de solidité, le cube construit sur l'unité linéaire.*

Soit P le volume du parallèlipipède proposé, et p le volume du cube ayant pour côté l'unité linéaire; en nommant toujours b,c,h, les trois dimensions du parallèlipipède P, nous aurons

$$\frac{P}{p}=bch.$$

6.

Donc, en prenant pour unité de *solidité* le cube de l'unité linéaire, p sera égal à 1, et l'égalité précédente donnera

$$P=bch. \qquad \text{C. Q. F. D.}$$

Supposons, par exemple, que les trois dimensions du parallèlipipède soient : la 1re de 3 mètres, la 2e de 4^{m}, la 3e de 5^{m}; nous aurons $b=3$, $c=4$, $h=5$, et par suite $P=60$. Le parallèlipipède proposé, ayant pour mesure le nombre abstrait 60, vaudra 60 cubes égaux à celui de l'unité linéaire, c'est-à-dire 60 mètres cubes.

Scholie. On voit d'après ce qui précède, que pour les

solides comme pour les surfaces, le choix de l'unité est subordonné à celui de l'unité linéaire; de sorte que, suivant que l'unité linéaire sera, ou le mètre, ou le décamètre, ou la toise, etc., l'unité de *solidité* sera, ou le *mètre cube*, ou le *décamètre cube*, ou la *toise cube*, etc. XII. 6. sch.

1er *corollaire. Un parallèlipipède quelconque, a pour mesure le produit de sa base et de sa hauteur;* car tout parallèlipipède est équivalent à un parallèlipipède rectangle, ayant même hauteur et une base équivalente. 4.

2° *corollaire. Un prisme triangulaire a pour mesure le produit de sa base et de sa hauteur.*

Un prisme triangulaire, étant la moitié du parallèlipipède de même hauteur construit sur une base double, a pour mesure la moitié du produit de la base et de la hauteur, ou le produit de la moitié de la base et de la hauteur de ce parallèlipipède. Mais la moitié de la base du parallèlipipède n'est autre chose que la base du prisme triangulaire; donc, etc. 5. cor.

THÉORÈME.

9. *Un prisme quelconque a pour mesure le produit de sa base et de sa hauteur.*

Soit ABCDE*abcde* le prisme dont on veut obtenir la mesure. Par deux sommets A, *a*, situés aux extrémités d'une même arète, je tire dans les plans des bases, les diagonales AC, AD..., *ac*, *ad*..., et je fais remarquer que le prisme donné se trouve ainsi décomposé en autant de prismes triangulaires de même hauteur, qu'il y a de triangles dans l'une de ses bases. Mais chaque prisme triangulaire a pour mesure sa base, multipliée par la hauteur commune; donc le prisme donné a pour mesure la somme des bases des prismes triangulaires, multipliée par sa hauteur, ou sa propre base multipliée par sa hauteur. Fig. 191.

Scholie. En désignant par P le volume d'un prisme quelconque, et par B et H la base et la hauteur de ce solide, nous aurons donc

$$P = BH.$$

Si l'on suppose par exemple, que la hauteur soit de 20 mètres, et la base de 3 mètres carrés, on aura H=20, B=3, et par suite P=60. Ainsi le solide proposé vaudra 60 mètres cubes.

1er *corollaire. Deux prismes quelconques sont équivalents, quand ils ont des hauteurs égales et des bases équivalentes.*

2° *corollaire. Un cylindre a pour mesure le produit de sa base et de sa hauteur,* car un cylindre peut être considéré comme un prisme régulier infinitésimal. D'après cela, en désignant par H la hauteur, et par R le rayon d'un cylindre, nous aurons pour le volume C de ce cylindre,

$$C = \pi R^2 H.$$

Si l'on suppose, par exemple R=3^m, H=10^m, on trouvera C=282,744 mètres cubes.

10. *Enoncés de questions à résoudre.*

I. Evaluer en mètres cubes : 1° le décimètre cube, 2° le centimètre cube, etc.

Evaluer aussi le décimètre cube en centimètres cubes, le centimètre cube en millimètres cubes, etc.

Convertir en décimètres cubes, centimètres cubes, millimètres cubes, etc., la partie décimale d'un nombre donné de mètres cubes.

II. Combien pèse un litre d'eau distillée, prise à son maximum de densité. *Rép.* 1 kil.

Combien pèse un mètre cube de la même eau. *Rép.* 1,000 kil.

III. Un vase contient 53,25 kil. d'eau distillée, prise à son maximum de densité, quel est, en mètres cubes, le volume intérieur du vase? *Rép.* 0,05325 mètres cubes.

IV. Le volume d'un prisme est de 160 mètres cubes, la base est de 20 mètres carrés ; quelle est la hauteur de ce solide ? *Rép.* 8 mètres.

V. Deux prismes sont égaux, lorsqu'ils ont un angle solide, compris entre trois faces égales chacune à chacune, et semblablement disposées.

VI. Dans tout parallèlipipède rectangle, le carré de la diagonale, est égal à la somme des carrés faits sur les trois dimensions de ce parallèlipipède.

CHAPITRE XVIII.

Pyramides équivalentes, considérées comme des séries de tranches parallèles et infiniment minces. — Volumes des pyramides et du cône.

LEMME.

1. *Si dans une pyramide on mène parallèlement à la base, et à une distance finie du sommet, deux plans infiniment rapprochés, la tranche de pyramide comprise entre ces deux plans, pourra être considérée comme un prisme ayant pour base l'une quelconque des sections qui la terminent, et pour hauteur l'épaisseur de cette tranche.*

Soient *abcde*, ABCDE, les bases supérieure et inférieure de la tranche que l'on considère, et pour abréger, j'appelle B la 1re base, B$'$ la seconde, et e l'épaisseur de la tranche ; en nommant x la distance au sommet de la pyramide de la base B, $x+e$ sera la distance au même sommet de la base B$'$, et l'on aura, en désignant par B et H la base et la hauteur de la pyramide,

$$B = \frac{B}{H^2}x^2, \quad B' = \frac{B}{H^2}(x+e)^2.$$

Fig. 212.

XIV. 10.

Le polygone ABCDE étant plus grand que le polygone *abcde*, je construis dans le polygone ABCDE, un polygone $a'b'c'd'e'$, égal au polygone *abcde*, et dont les côtés $a'b'$, $b'c'$, etc., soient respectivement parallèles aux côtés AB, BC, etc. Dans le plan de la base supérieure de la tranche de pyramide, je construis aussi un polygone $A'B'C'D'E'$ égal au polygone ABCDE, et dont les côtés $A'B'$, $B'C'$, etc., soient respectivement parallèles aux côtés *ab*, *bc*, etc. D'après ces constructions, les polygones ABCDE, $A'B'C'D'E'$, auront leurs côtés parallèles chacun à chacun, ainsi que les polygones $a'b'c'd'e'$, *abcde*. Si nous concevons maintenant deux prismes P et p, ayant pour bases : P les deux polygones ABCDE, $A'B'C'D'E'$, p les deux polygones $a'b'c'd'e'$, *abcde*, le 1er de ces prismes sera plus grand, et le 2e moindre, que la tranche de pyramide que nous considérons ; la différence des deux prismes sera donc plus grande que la différence entre chacun d'eux et la tranche de pyramide. Donc, si nous faisons voir que le rapport des deux prismes est égal à l'unité, à plus forte raison, le rapport de chaque prisme à la tranche de pyramide, sera-t-il égal à l'unité. Or, les prismes P et p, ayant respectivement pour mesure $B'e$, Be, l'on a

$$\frac{P}{p} = \frac{B'e}{Be} = \frac{B'}{B};$$

remplaçant B$'$ et B par leurs valeurs, et supprimant ensuite au numérateur et au dénominateur, le facteur commun $\frac{B}{H^2}$, il vient

$$\frac{P}{p} = \frac{(x+e)^2}{x^2} = \left(\frac{x+e}{x}\right)^2 = \left(1+\frac{e}{x}\right)^2;$$

mais x étant par hypothèse une quantité finie, $\frac{e}{x}$ est une quantité infiniment petite, qui peut être supprimée devant

½ ; effectuant cette suppression, il reste

$$\frac{P}{p} = 1 \, ;$$

d'où l'on conclut que la tranche de pyramide est égale à chacun des prisme P, p.   C. Q. F. D.

Corollaire. Si deux pyramides assises sur un même plan, ont même hauteur et des bases équivalentes, en menant parallèlement au plan des bases deux plans infiniment rapprochés, ces deux plans intercepteront, dans les deux pyramides, deux tranches équivalentes; ces plans étant situés à une distance finie du sommet.

D'abord ces deux tranches auront même hauteur, leurs bases inférieure et supérieure seront équivalentes, et comme ces tranches peuvent être assimilées à des prismes, il s'ensuit qu'elles sont équivalentes.

Scholie. Si dans l'égalité

$$\frac{P}{p} = \left(1 + \frac{e}{x}\right)^2,$$

x recevait une valeur infiniment petite, la quantité $\frac{e}{x}$ pourrait ne pas être infiniment petite, et comme alors il ne serait plus permis de la négliger devant 1, on n'aurait plus $P = p$. Par exemple, si l'on supposait $x = 2e$, l'on aurait

$$\frac{P}{p} = (1 + \tfrac{1}{2})^2,$$

et dans ce cas, P ne serait pas égal à p.

THÉORÈME.

2. *Deux pyramides sont équivalentes, lorsqu'elles ont même hauteur, et des bases équivalentes.*

Concevons les deux pyramides assises sur un même plan, et imaginons la hauteur de l'une d'elles, partagée en un nombre infini n de parties égales infiniment petites. En menant des plans parallèles au plan des bases par les divers

31

points de division de cette hauteur , ces plans décomposeront chaque pyramide en un *nombre n* de tranches infiniment minces. Or, à partir du plan des bases , la 1re tranche
de la 1re pyramide , est équivalente à la 1re tranche de la 2e,
la 2e tranche de la 1re, est équivalente à la 2e tranche de la
2e, etc., et cette égalité subsiste de part et d'autre, pour
toutes les tranches situées à une distance finie des sommets
des deux pyramides. Mais dans la somme des tranches qui
composent chaque pyramide , on peut négliger toutes celles
qui sont situées à une distance infiniment petite du sommet,
car la somme de ces tranches ne peut donner qu'une pyramide ayant une base et une hauteur infiniment petites ;
donc les deux pyramides sont équivalentes, comme étant
composées d'un même nombre de tranches équivalentes
chacune à chacune.   C. Q. F. D.

Corollaire. Si deux pyramides assises sur un même
plan , ont même hauteur et des bases équivalentes, en les
coupant par un plan parallèle au plan des bases , on déterminera deux *troncs de pyramide qui seront équivalents ,
et qui auront même hauteur, et leurs bases supérieures
aussi équivalentes.*

THÉORÈME.

5. *Toute pyramide triangulaire , est le tiers d'un
prisme triangulaire de même base et de même hauteur.*

Fig. 213. Soit *b*ABC une pyramide triangulaire quelconque ; par le
sommet *b* je mène un plan parallèle au plan de la base, et
je construis le prisme triangulaire ABC*abc*, qui a même
base et même hauteur que la pyramine donnée, et qui se
compose évidemment de cette pyramide, et d'une pyramide
quadrangulaire, ayant pour sommet le point *b*, et pour
base le parallèlogramme AC*ac*. Faisant, pour un moment,
abstraction de la pyramide *b*ABC, pour ne considérer que
la pyramide quadrangulaire *b*AC*ac*, je conduis un plan par
les trois points *b*, *a*, C, et j'observe que ce plan décompose

la pyramide quadrangulaire en deux pyramides triangulaires $bAaC$, $bacC$, qui sont équivalentes, car elles ont
pour hauteur commune, la perpendiculaire abaissée du
sommet b sur le plan $ACac$, et pour bases, les triangles
égaux AaC, aCc. Mais l'une $bacC$ de ces pyramides, peut
être considérée comme ayant pour sommet le point C, et
pour base, le triangle abc ; cette pyramide a donc même
hauteur que le prisme, et par conséquent, même hauteur
que la pyramide donnée $bABC$; comme elle a aussi une base
abc égale à la base ABC de la pyramide donnée, elle est
équivalente à cette pyramide. La pyramide $bABC$ est donc
le tiers du prisme $ABCabc$, puisque ce prisme se compose
de trois pyramides équivalentes à la pyramide $bABC$.
C. Q. F. D.

*1er corollaire. Une pyramide triangulaire est le tiers
d'un prisme triangulaire quelconque de même hauteur,
construit sur une base équivalente.*

*2e corollaire. Lorsqu'un prisme et une pyramide quel-
conques, ont des bases équivalentes et des hauteurs
égales, la pyramide est le tiers du prisme.*

En effet, nommons P et Q le prisme et la pyramide
donnés, et construisons sur des bases équivalentes à celles
de P et de Q, un prisme et une pyramide triangulaires. En
désignant par p et q le prisme et la pyramide ainsi cons-
truits, nous aurons

$$p = P, \quad q = Q.$$

Mais $q = \frac{1}{3}p$, donc aussi $Q = \frac{1}{3}P$.   C. Q. F. D.

THÉORÈME.

**4. *Une pyramide quelconque a pour mesure le tiers
du produit de sa base et de sa hauteur.***

Soient B et H la base et la hauteur d'une pyramide donnée
Q. En construisant un prisme P, ayant pour base B, et
pour hauteur H, nous aurons

$$Q = \frac{1}{3} P.$$

Mais $P = BH$, donc

$$Q = \tfrac{1}{3}BH. \qquad C.\ Q.\ F.\ D.$$

Corollaire. Le cône a aussi pour mesure le tiers du produit de sa base et de sa hauteur, puisque ce solide peut être assimilé à une pyramide régulière infinitésimale.

Scholie. Si nous désignons par Q le volume, par R le rayon de la base, et par H la hauteur du cône, nous aurons

$$Q = \tfrac{1}{3}\pi R^2 H.$$

Si l'on suppose, par exemple $R = 5^m$, $H = 12^m$, on trouvera $Q = 314{,}16$ mètres cubes.

THÉORÈME.

5. *Un tronc de pyramide est équivalent à la somme de trois pyramides, qui auraient pour hauteur commune la hauteur du tronc, et dont les bases seraient, la base inférieure du tronc, la base supérieure, et une moyenne proportionnelle entre ces deux bases.*

Fig. 214. Soit ABCDE*abcde* un tronc de pyramide quelconque, et SABCDE la pyramide dont il dérive. Dans le plan ABCDE, je construis un triangle FGH, équivalent au polygone ABCDE, et sur ce triangle j'élève une pyramide de même hauteur que la pyramide SABCDE. La pyramide ainsi construite, étant équivalente à la pyramide SABCDE, si je prolonge suffisamment le plan *abcde*, ce plan déterminera dans la pyramide triangulaire, un tronc FGH*fgh*, équivalent au tronc donné ABCDE*abcde*, et dont la hauteur et la base supérieure seront équivalentes à la hauteur et à la base supérieure du tronc donné. Il y a donc lieu de ne démontrer le théorème énoncé, que pour le tronc de pyramide triangulaire FGH*fgh*.

Par les trois points *g*, F, H, je conduis un plan, et je fais remarquer que ce plan retranchera du tronc une pyramide triangulaire *g*FGH, laquelle a même hauteur que le tronc, et pour base, la base inférieure du tronc. Cette pyramide est donc l'une des pyramides demandées.

Par les trois sommets g, f, H, de la pyramide quadrangulaire restante gFHfh, je conduis un nouveau plan ; ce plan décomposera cette pyramide en deux pyramides triangulaires gfhH , gFHf, dont l'une gfhH a même hauteur que le tronc, et pour base la base supérieure du tronc, puisque cette pyramide peut être considérée comme ayant son sommet en H. La pyramide gfhH est donc aussi l'une des pyramides demandées.

Considérons enfin la troisième pyramide gFHf. Dans le plan FGfg, menons gM parallèle à fF , et construisons une pyramide MFHf, ayant pour sommet le point M , et pour base le triangle FHf; cette nouvelle pyramide, ayant même base que la pyramide gFHf et même hauteur, puisque les sommets g , M , sont situés sur la ligne gM , sera équivalente à la pyramide gFHf; mais la pyramide MFHf pouvant être considérée comme ayant pour sommet le point f, et pour base le triangle FMH, a même hauteur que le tronc ; il reste donc à démontrer que la base FMH de cette pyramide, est moyenne proportionnelle entre les deux bases FGH , fgh.

Les triangles FGH , FMH , ayant même hauteur, donnent

$$\text{FGH} : \text{FMH} :: \text{FG} : \text{FM}.$$

Les triangles FMH, fgh, ayant un angle égal MFH$=gfh$, donnent aussi

$$\text{FMH} : fgh :: \text{FM} \cdot \text{FH} : fg \cdot fh. \qquad \text{XII. 9.}$$

Simplifiant cette proportion , en supprimant aux deux termes du second rapport, les facteurs égaux FM, fg, il reste

$$\text{FMH} : fgh :: \text{FH} : fh.$$

Mais parce que les triangles FGH , fgh, sont semblables, l'on a

$$\text{FG} : fg \text{ ou FM} :: \text{FH} : fh.$$

Comparant cette proportion avec la précédente, il vient

$$\text{FMH} : fgh :: \text{FG} : \text{FM}.$$

Comparant aussi cette dernière proportion avec la première de toutes celles obtenues ci-dessus, il vient enfin

$$\text{FGH} : \text{FMH} :: \text{FMH} :: fgh. \qquad \text{C. Q. F. D.}$$

Corollaire. Un tronc de cône pouvant être assimilé à un tronc de pyramide infinitésimal, il en résulte que *le tronc de cône est équivalent à la somme de trois cônes qui auraient pour hauteur commune la hauteur du tronc, et dont les bases seraient, la base inférieure du tronc, la base supérieure, et une moyenne proportionnelle entre ces deux bases.*

Scholie. Si nous désignons par T le volume d'un tronc de pyramide ou de cône, par H la hauteur de ce tronc, par B et b la grande et la petite base, et enfin par u la moyenne proportionnelle des bases B, b, nous aurons

$$\text{T} = \tfrac{1}{3}\text{BH} + \tfrac{1}{3}b\text{H} + \tfrac{1}{3}u\text{H} = \tfrac{1}{3}\text{H}(\text{B} + b + u).$$

Mais $\text{B} : u :: u : b$, d'où $u = \sqrt{\text{B}b}$, donc

$$\text{T} = \tfrac{1}{3}\text{H}(\text{B} + b + \sqrt{\text{B}b}).$$

S'il s'agit d'un tronc de cône, on introduira dans la formule précédente, les rayons R et r des bases, en remplaçant B par πR^2, b par πr^2, et l'on aura après tous calculs faits,

$$\text{T} = \tfrac{1}{3}\pi\text{H}(\text{R}^2 + r^2 + \text{R}r).$$

Pour donner à cette formule une forme plus simple, ajoutons et retranchons, entre les paranthèses, la quantité $\text{R}r$, il vient

$$\text{T} = \tfrac{1}{3}\pi\text{H}(\text{R}^2 + r^2 + 2\text{R}r - \text{R}r);$$

mais $\text{R}^2 + r^2 + 2\text{R}r = (\text{R} + r)^2$, donc

$$\text{T} = \tfrac{1}{3}\pi\text{H}[(\text{R} + r)^2 - \text{R}r].$$

239

Si l'on suppose par exemple, H=10^m, R=4^m, r=1^m, on trouvera T=219,912 mètres cubes.

THÉORÈME.

6. *Si l'on coupe un prisme triangulaire par un plan non parallèle à la base, le solide compris entre le plan sécant et le plan de la base, est équivalent à la somme de trois pyramides, ayant respectivement pour sommets les trois sommets de la section faite dans le prisme, et pour base commune la base de ce prisme.*

Soit ABC*abc* le tronc de prisme que l'on considère, et ABC la base du prisme d'où dérive le tronc ; je dis que ce tronc sera équivalent à la somme de trois pyramides ayant respectivement pour sommets les trois points *a*, *b*, *c*, et pour base commune le triangle ABC.

Fig. 215.

Par les trois points *a*, B, C, je conduis un plan, et je fais remarquer que ce plan retranchera du tronc une pyramide *a*ABC, qui sera l'une des pyramides demandées, puisqu'elle aura pour base le triangle ABC, et pour sommet le point *a*.

Par les trois points *a*, *b*, C, de la pyramide quadrangulaire restante *a*BC*bc*, je conduis un nouveau plan ; ce plan décomposera la pyramide quadrangulaire en deux pyramides triangulaires *a*B*b*C, *abc*C, dont l'une *a*B*b*C est équivalente à la pyramide AB*b*C, car ces deux pyramides ont même base B*b*C, et aussi même hauteur, puisque leurs sommets A, *a*, sont placés sur la ligne A*a*, parallèle au plan de la base commune. Or, la pyramide AB*b*C est l'une des pyramides demandées, puisqu'elle peut être considérée comme ayant pour base le triangle ABC, et pour sommet le point *b*.

Il ne reste plus à considérer que la pyramide triangulaire *abc*C. D'abord, cette pyramide peut être considérée comme ayant pour base le triangle *a*C*c*, et pour sommet le point *b* ; mais la ligne *b*B étant parallèle au plan *a*C*c*, si l'on construit une pyramide en prenant pour base le triangle *aCc*, et pour sommet le point B, cette pyromide B*aCc* sera équivalente à la pyramide *baCc*, comme ayant même base et même hauteur ; la pyramide B*aCc*, que l'on peut regarder comme ayant pour base le triangle BC*c*, et pour sommet le point *a*, peut, à son tour, être changée en une autre équivalente ABC*c*, ayant pour base le triangle BC*c*, et pour sommet le point A, et l'on peut remarquer que cette dernière pyramide est la troisième des pyramides demandées, puisqu'elle peut être regardée comme ayant pour base le triangle ABC, et pour sommet le point *c*. Donc, etc.

Scholie. Si l'on désigne par T le volume du tronc de prisme, par B la base ABC, et par H, H', H'', les distances respectives des trois sommets *a*, *b*, *c*, au plan de la base B, nous aurons

$$T = \tfrac{1}{3} B(H + H' + H'').$$

En supposant par exemple, B=3 mètres carrés, H=1^m, H'=0^m,5, H''=0^m,8, on trouvera T=2,3 mètres cubes.

CHAPITRE XIX.

Volume de la sphère décomposée en une infinité de pyramides qui ont leur sommet à son centre. — Volumes des secteurs sphériques. — Applications numériques.

THÉORÈME.

1. *La sphère a pour mesure sa surface, multipliée par le tiers du rayon.*

Concevons la sphère décomposée en une infinité de pyramides ayant leur sommet au centre, et pour bases les faces planes infiniment petites, qui composent la surface de ce solide ; chacune de ces petites pyramides ayant pour hauteur le rayon de la sphère, a pour mesure la petite surface qui lui sert de base, multipliée par le tiers du rayon. Donc en nommant p, p', p'', etc., et b, b', b'', etc. les volumes et les bases de ces diverses pyramides, nous aurons, en désignant par R le rayon de la sphère,

$$p = \tfrac{1}{3}b\text{R}, \quad p' = \tfrac{1}{3}b'\text{R}, \quad p'' = \tfrac{1}{3}b''\text{R}, \quad \text{etc.}$$

Ajoutant toutes ces égalités membre à membre, et mettant $\tfrac{1}{3}$R en facteur commun, il vient

$$p + p' + p'' + \text{etc.} = \tfrac{1}{3}\text{R}(b + b' + b'' + \text{etc.})$$

Mais $p + p' + p'' + \text{etc.}$, et $b + b' + b'' + \text{etc.}$, expriment respectivement le volume V et la surface S de la sphère, donc

$$V = \tfrac{1}{3}\text{RS}. \qquad \text{C. Q. F. D.}$$

1er *corollaire.* La surface S de la sphère ayant pour mesure $4\pi\text{R}^2$, nous aurons aussi

$$V = \tfrac{4}{3}\pi\text{R}^3.$$

XVI. 5. cor.

Si l'on suppose par exemple R $= 30^{\text{m}}$, on trouvera V$=113097,6$ mètres cubes.

2e *corollaire. Deux sphères quelconques sont entr'elles comme les cubes de leurs rayons.*

Car, soient V et V$'$, R et R$'$, les volumes et les rayons des deux sphères, nous aurons en vertu de ce qui précède,

$$V = \tfrac{4}{3}\pi\text{R}^3, \quad V' = \tfrac{4}{3}\pi\text{R}'^3.$$

Divisant ces deux égalités membre à membre, il vient

$$\frac{V}{V'} = \frac{\text{R}^3}{\text{R}'^3}. \qquad \text{C. Q. F. D.}$$

THÉORÈME.

2. *Un secteur sphérique a pour mesure la zone qui lui sert de base, multipliée par le tiers du rayon.*

La démonstration est mot pour mot la même que la précédente. Ainsi, en nommant **V** le volume du secteur, Z la surface de la zone qui sert de base au secteur, et R le rayon de la sphère, nous aurons

$$V = \tfrac{1}{3} RZ.$$

XVI. 7. cor.   **1er corollaire.** La surface de la zone ayant pour mesure $2\pi RH$, H étant la hauteur de cette zone, nous aurons aussi

$$V = \tfrac{2}{3} \pi R^2 H.$$

2° corollaire. *Le volume d'un segment sphérique à une base, est égal au volume du secteur, moins celui du cône correspondant à ce segment.*

Fig. 195.   Ainsi, le volume du segment sphérique, engendré par le demi-segment circulaire ACP, est égal au volume du secteur engendré par le secteur circulaire AOC, moins le volume du cône engendré par le triangle rectangle OCP.

3° corollaire. *Le volume d'un segment sphérique à deux bases, est égal à la différence des volumes des segments sphériques à une base, qui se terminent aux deux bases du segment proposé.*

Ainsi, le volume du segment sphérique à deux bases, engendré par la demi-tranche circulaire CDPQ, est égal à la différence des volumes des segments sphériques, engendrés par les demi-segments circulaires ADQ, ACP.

THÉORÈME.

3. *Le volume de la sphère est au volume du cylindre circonscrit, comme* 2 : 3.

Soient V le volume, R le rayon de la sphère, et V' le volume du cylindre circonscrit. Le cylindre circonscrit, ayant pour hauteur 2R, et pour base un cercle égal à un

XVI. 8.   grand cercle de la sphère, nous aurons pour le volume de la sphère et celui du cylindre

$$V = \tfrac{4}{3} \pi R^3, \quad V' = 2\pi R^3.$$

Divisant V par V', et simplifiant, il vient

$$\frac{V}{V'} = \tfrac{2}{3}. \qquad \text{C. Q. F. D.}$$

PROBLÈME.

4. *Quelle est la hauteur d'un vase cylindrique, ayant un litre de capacité, et un décimètre de rayon.*

Reprenons la formule

$$C = \pi R^2 H,$$

XVII. 9. c. 2.

qui donne le volume d'un cylindre dont la hauteur est H, et le rayon de la base R. Comme d'après l'énoncé du problème nous avons $C = \overset{\text{lit.}}{1} = \overset{\text{m, cub.}}{0,001}$ et $R = \overset{\text{m.}}{0,1}$, cette formule donnera

$$H = \frac{C}{\pi R^2} = \frac{0,001}{3,1416.0,01} = 0^m,032.$$

5. *Quelle profondeur faut-il donner à un puits de 4 mètres de diamètre, pour qu'il puisse contenir 100000 litres d'eau.*

Ce problème, étant au fonds le même que le précédent, se résoudra de la même manière, et l'on trouvera après tous calculs faits,

$$H = 79^m,58.$$

PROBLÈME.

6. *Peser la quantité d'eau que renferme une citerne, ayant la forme d'un parallèlipipède rectangle.*

Supposons que les deux côtés contigus du rectangle qui forme le fonds de la citerne, soient : l'un de 5^m, l'autre de 2^m. En supposant que l'eau s'élève à 4 mètres, à partir du fonds, il y aura dans la citerne 40 mètres cubes, ou 40000 litres d'eau. Mais un litre d'eau ordinaire pèse à très peu près le même poids qu'un litre d'eau distillée, prise à son maximum de densité, c'est-à-dire un kilogramme; donc l'eau de la citerne pèsera à peu près 40000 kilog.

PROBLÈME.

7. La physique enseigne qu'un corps plongé dans un fluide, y subit de bas en haut l'action d'une force équivalente au poids du fluide déplacé : cela posé, on demande *qu'elle est la force qui soulève un ballon sphérique de* 2 *mètres de rayon, au moment où il abandonne la terre; sachant aussi qu'un litre d'air ordinaire pèse* 1,3 *grammes.*

$$\text{Vol. ball.} = \tfrac{4}{3}\pi R^3 = \tfrac{4}{3}.3{,}1416.2^3 = 33{,}5104 \overset{\text{m. cub.}}{=} 33510{,}4 \overset{\text{lit.}}{}$$

Multipliant ce dernier nombre par $1^g,3$, et convertissant le résultat en kilogrammes, on trouvera que la force cherchée est équivalente à 43,56352 kilogrammes.

PROBLÈME.

8. *Construire un cube équivalent à une sphère donnée.*

Soit R le rayon de la sphère, et x le côté du cube. Le volume de la sphère étant exprimé par $\tfrac{4}{3}\pi R^3$, et celui du cube par x^3, nous aurons

$$x^3 = \tfrac{4}{3}\pi R^3, \text{ d'où } x = \sqrt[3]{\tfrac{4}{3}\pi R^3}.$$

En supposant par exemple R $= 10^m$, on trouvera $x = 7^m,48$.

PROBLÈME.

9. *Le rayon de la terre étant égal à* 6366,6 *kilomètres, et la terre étant supposée sphérique, calculer,* 1° *la longueur de sa circonférence,* 2° *sa surface,* 3° *son volume.*

$$1°\ \text{circ.} = 2\pi R = 2 \times 3{,}1416 \times 6366{,}6 = 40002{,}53 \overset{\text{kil.}}{}$$

$$2°\ \text{surf.} = 4\pi R^2 = 4 \times 3{,}1416 \times (6366{,}6)^2 = 509365055 \text{ kil. car.}$$

$$3°\ \text{vol.} = \text{surf.} \times \tfrac{1}{3}R = 1080962000000 \text{ kil. cubes.}$$

PROBLÈME.

10. *Le diamètre du soleil vaut* 112,88 *fois celui de la terre; quel est le volume du soleil, celui de la terre étant pris pour unité.*

Deux sphères étant entr'elles comme les cubes de leurs diamètres, on a la proportion

vol. soleil : vol. terre : : $(112,88)^5$: $(1)^5$;

d'où l'on tire

vol. soleil $= 1408250$ fois celui de la terre.

FIN.

ERRATA.

Pages	lignes	au lieu de	lisez
16	51	jolon	jalon
40	25	chap. IV.	chap. VI.
45	52	d'eux,	de ces côtés
109	19	127	fig. 127
117	18	49	44
117	25	49	44
157	15	valeur π	valeur de π
159	54	second	second plan
160	26	position certaine	certaine position
207	8	perpendiculaire	est perpendiculaire

—

SUPPLÉMENT A L'ERRATA.

Ajoutez aux lignes 21 et 15 des pages 158 et 184, ces mots :
et extérieure au plan de chaque face.

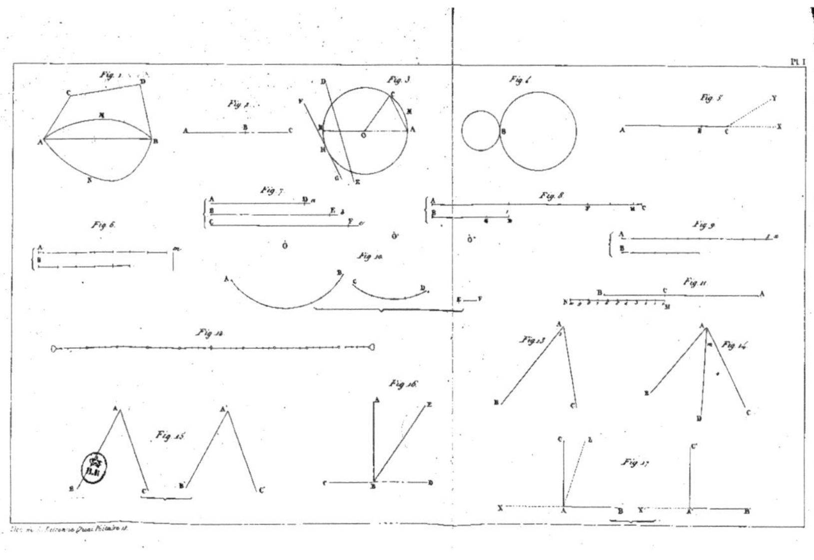

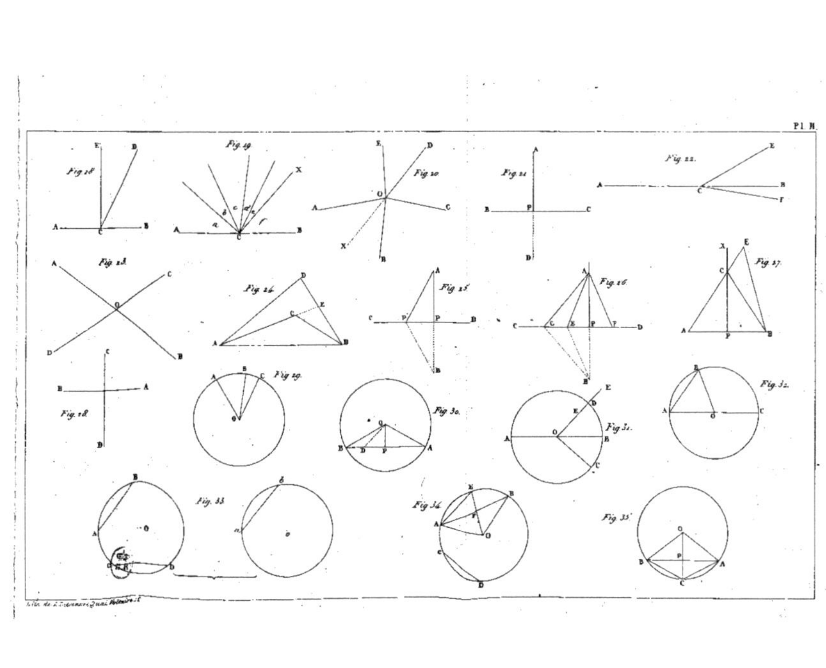

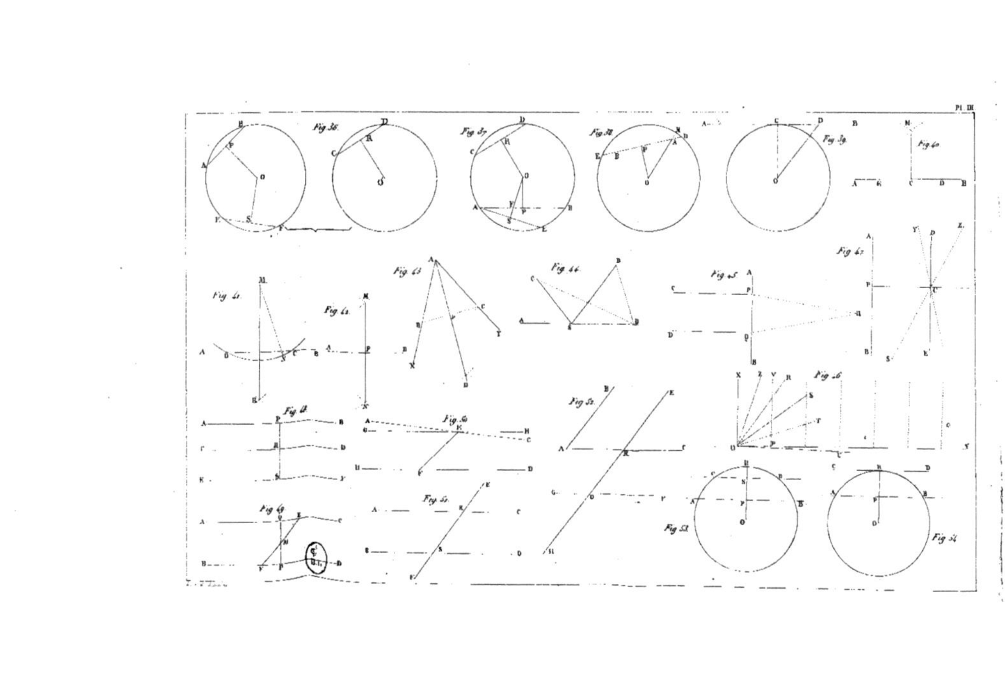

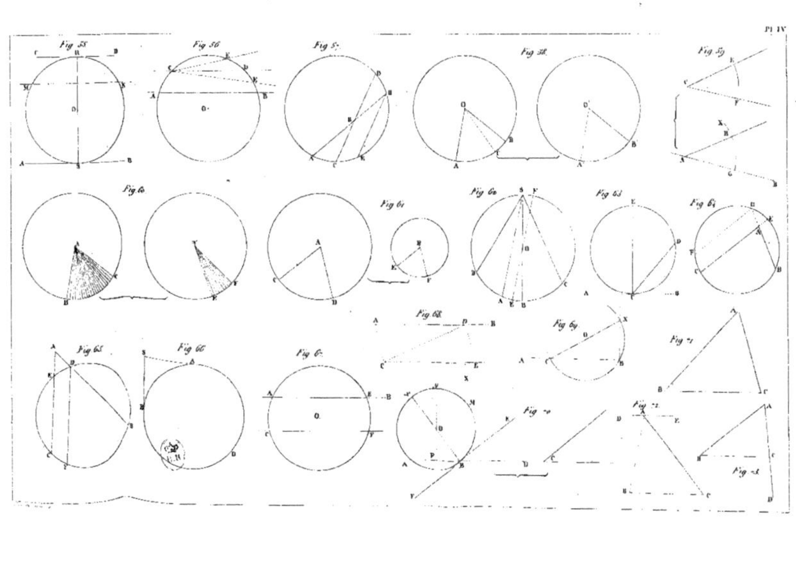

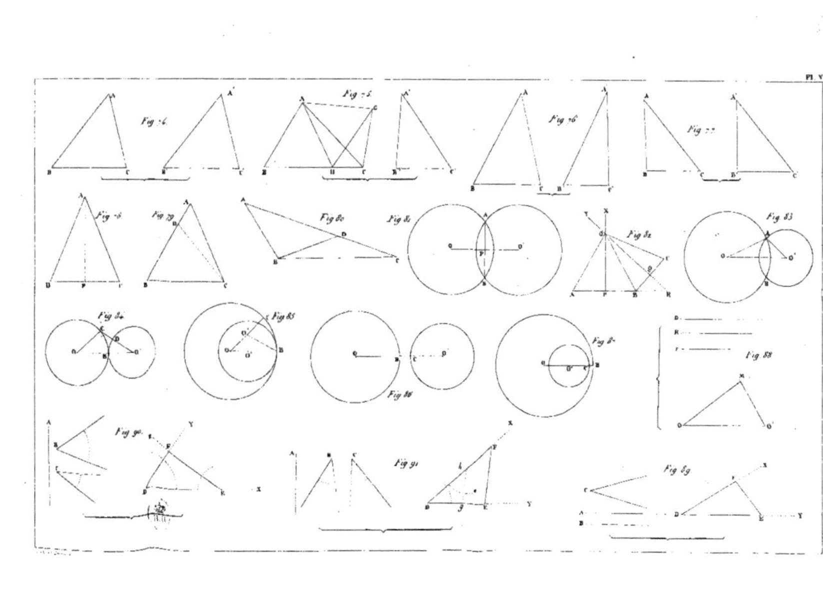

Fig 74
Fig 75
Fig 76
Fig 77
Fig 78
Fig 79
Fig 80
Fig 81
Fig 82
Fig 83
Fig 84
Fig 85
Fig 86
Fig 87
Fig 88
Fig 89
Fig 90
Fig 91

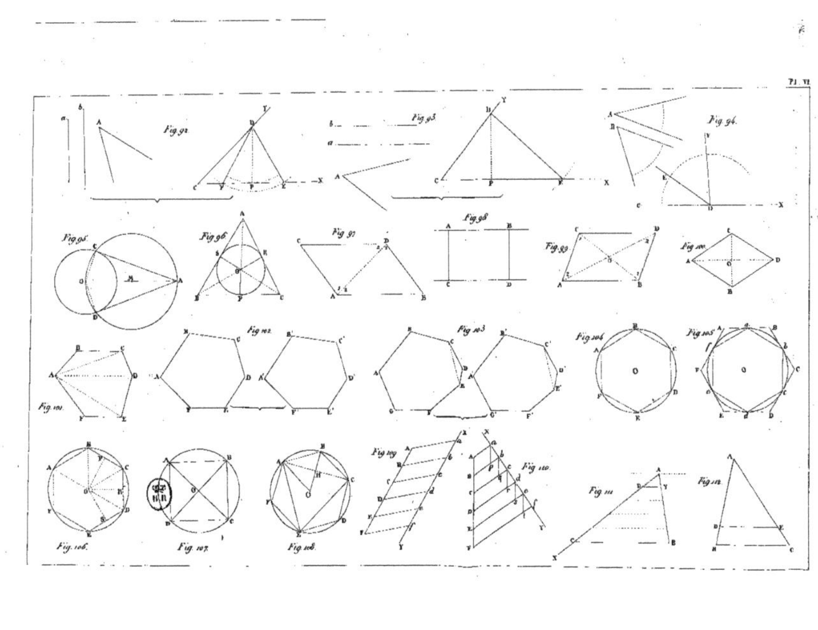

Fig. 92.
Fig. 93.
Fig. 94.
Fig. 95.
Fig. 96.
Fig. 97.
Fig. 98.
Fig. 99.
Fig. 100.
Fig. 101.
Fig. 102.
Fig. 103.
Fig. 104.
Fig. 105.
Fig. 106.
Fig. 107.
Fig. 108.
Fig. 109.
Fig. 110.
Fig. 111.
Fig. 112.

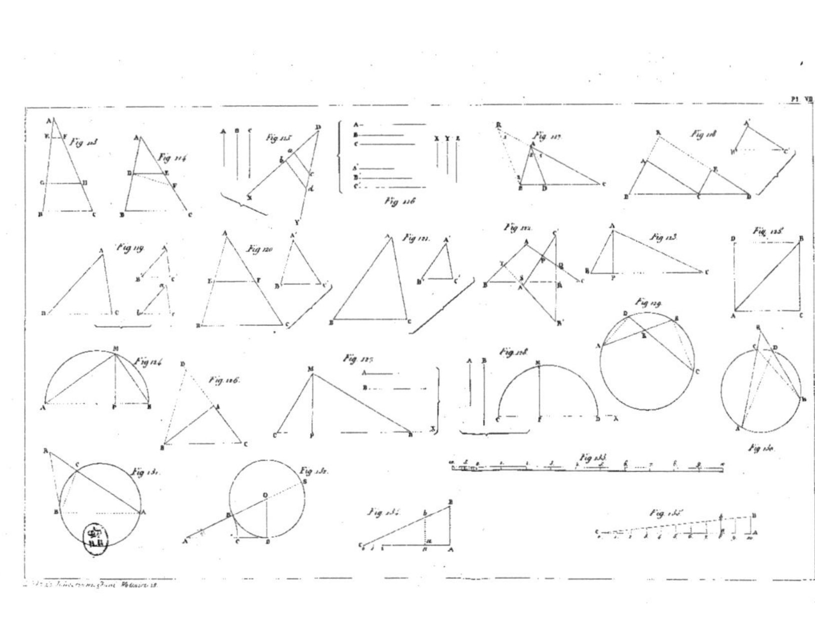

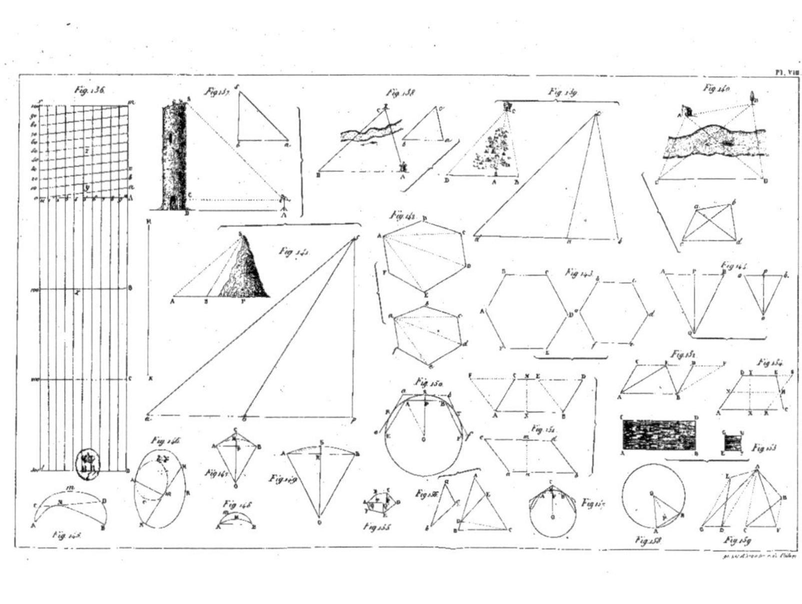

Fig. 136.
Fig. 137.
Fig. 138.
Fig. 139.
Fig. 140.
Fig. 141.
Fig. 142.
Fig. 143.
Fig. 144.
Fig. 145.
Fig. 146.
Fig. 147.
Fig. 148.
Fig. 149.
Fig. 150.
Fig. 151.
Fig. 152.
Fig. 153.
Fig. 154.
Fig. 155.
Fig. 156.
Fig. 157.
Fig. 158.
Fig. 159.

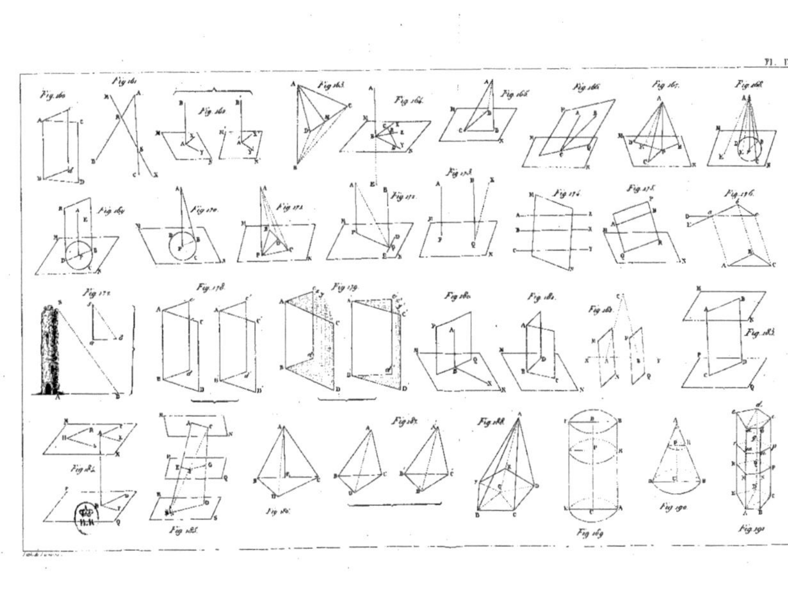

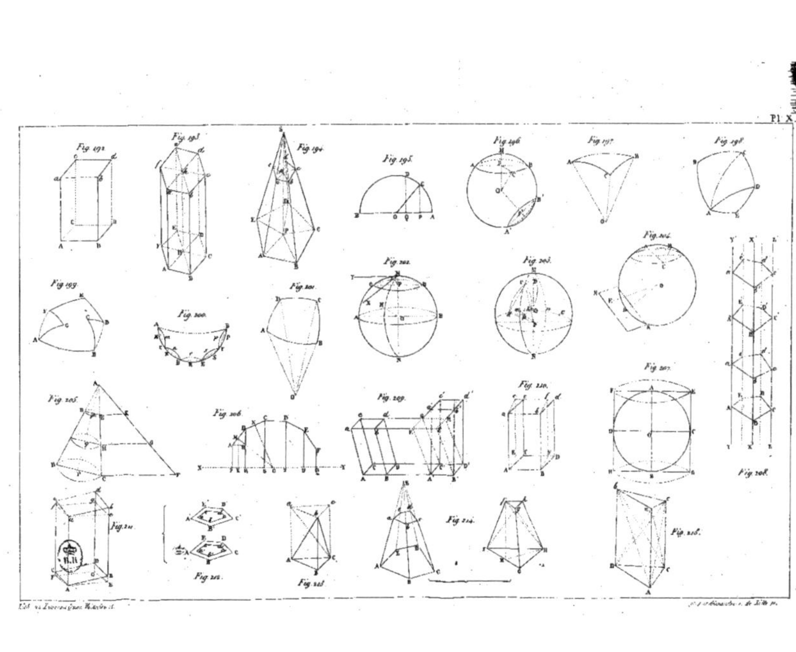